青少年成功启示录

石语默　编

吉林人民出版社

图书在版编目（CIP）数据

青少年成功启示录 / 石语默编. — 长春 : 吉林人民出版社, 2010.7（2021.3重印）
（青少年求知文库）
ISBN 978-7-206-06891-1

Ⅰ. ①青… Ⅱ. ①石… Ⅲ. ①成功心理学－通俗读物
Ⅳ. ①B848.4-49

中国版本图书馆CIP数据核字(2010)第120601号

青少年成功启示录

编　　者： 石语默
责任编辑： 王一莉
吉林人民出版社出版（长春市人民大街7548号　邮政编码：130022）
印　　刷： 三河市燕春印务有限公司
开　　本： 700mm × 970mm　1/16
印　　张： 13　　　　　字数：110 千字
标准书号： ISBN 978 －7 －206 －06891 －1
版　　次： 2010 年 7 月第 1 版
印　　次： 2021 年 3 月第 2 次印刷
定　　价： 39.00 元

目　录

拒绝令人沮丧的生活方式

美国某家人寿保险公司花了45年的时间调查了100人的生活方式并做出如下的报道。

以100位年轻人为对象，调查他们未来的梦想，喜欢从事什么职业，获得多少收入，想要得到什么地位，且经过45年之后，也就是在65岁时希望拥有什么样的人生。

结果有54人一生过得很凄惨，另外有36人因为罹患疾病或遭遇不幸的事故而夭亡，还有5人收入很少，过着微寒的生活。

100人中有95人过着普通的人生，只有5人位于第一线，朝着目标前进而过着有朝气的人生，拥有美满幸福的家庭，充实而快乐地生活着。如此换算一下，也就是说，只有5%的人迈向成功的道路。

在95%的人中，对于人生的目的毫无计划是他们的共同点。这些人虽然过着凄惨的生活，但这种生活不是他们最初的选择，“而是在不知不觉中进入这种状况，变成这样的。”每天重复相同的生活，到65岁时已经太迟了。

我们来看看乔治是如何打发他的一天的。想想看，有许多的人，有些甚至是你的熟人，他们不也是这样生活的吗？

乔治晚起了20分钟，因为他不喜欢他的工作（所以他下意识地要求比实际需要更多的睡眠）。他只是因为不得已才去上班的。

乔治草草地冲了个澡，替自己倒了一杯咖啡，坐下来收听早间新闻。

然后，乔治开车挤上交通阻塞的公路（又是一大群晚起的乔治），准备去上班。

乔治抵达办公大楼，惯常的停车位置让人占了（也许是哪个老手抢先了一步）。

在办公室，乔治没待多大工夫就挨了一顿斥责，因为他的计划方案落后了。

时钟指到10点15分，休息的时间。乔治和他的老搭档喝完咖啡，抽着烟聊了会儿。他的老搭档说：人家说莉丝和贝蒂在搞同性恋，那是真的；同蒂蒂安随时都可以搭上线。

到了午餐时间。乔治到街上去吃了一份三明治，然后回到办公室，打开一本流行小说。

下午的休息时间和早上差不多，只是他那消息灵通的同事又有了其他“新闻”。

总算挨到5点钟，乔治第一次觉得快乐了些，因为他可以直接到酒吧里去左拥右抱，销魂一番。

消磨一阵子后，乔治挑了莎莉。和莎莉一起吃晚饭。饭后玩“顶头”的游戏，看谁今天最倒霉。结束时，两人开始争论起怎样消磨下个周末。

最后，乔治回到家里，打开收音机收听新闻。新闻结束后，“星期犯罪剧场”开始。

好不容易，乔治精疲力竭爬上床，临了想到这一天惟一值得安慰的是：感谢上帝，明天是星期五，这个星期只剩一天受人奴役的日子了。

夸张吗？一点也不。上述对于正常生活的描绘，可能因年纪、社会地位、职业或其他因素略有不同。可是从整体上说，对于当代生活方式的形容可谓十分具体。而如果你细心阅读的话，字里行间分明透出心灵的荒芜。

你是否已经拟定人生的计划，并且确定实行的结果可以使自己拥有幸福的生活？要选择那5%的路或是95%的路，完全靠你自己了。

想要追求真正美好的生活（健康、财富、权力、乐趣和尊敬）最基本、最重要、最绝对的秘密是去克服（征服、挫败、毁灭）任何反面的影响（你做不到、算了吧、行不通、还是妥协吧等等），包括来自你的亲人、朋友、同事和其他竞争者的压力。

追求真正美好生活的最基本秘密是：克服任何阻碍你理想现实的反面影响，包括来自你的亲人、朋友、工作伙伴或是其他人的压力。

请再三阅读以上字句，充分了解它的意义，然后身体力行，你便掌握了打通财富、自由、安全和平静心灵之门的一把钥匙。

——火花塞发明人德国工业家　罗伯特·博世

成功者的风月宝鉴

《红楼梦》中有这样一个情节：贾瑞因错看了风月宝鉴的一面，而命丧凤姐设下的相思局。同样，人的心态不是单一的，它是积极心态（PMA）和消极心态（NMA）的对立统一体，人一生的成功与失败的最大秘密也就隐藏于此。世上芸芸众生，对作为个体的你来说，最重要的往往不是别人，而是你自己。要知道，在人们与生俱来的心态之镜上，一面刻着PMA三个字头，另一面则是NMA。PMA一面的力道能够吸引财富、成功、快乐与健康；另一面（反面）NMA力道则排斥这些事物——它把你感到人生值得依赖的一切都剥夺掉。第一道力道PMA会使得某些人能攀上成功与财富的高位，而且永远停留在上面；第二道力道NMA则会使得另外一些人永远留在底层，或者在爬到高位之后再将他拖下来。

心态的力道如此巨大，它是已知和未知力量的源泉。但并不是一切心态力道都能帮我们成功，它可以与你为善，也可以与你作对。只有积极的心态才能指导创富的行动。

从心理学上说，人的神经系统不能分辨真正的失败和想像的失败。当你想像失败时，你的神经系统会以为你真的失败；当你产生必胜的心态时，你的内部机制就已经在成功的方向上定向了。

亨利·凯撒是一位著名的工程师，他以前曾沿着河堤做护岸工程，由于暴风雨带来洪水，运土机遭受泥土掩埋，而过去所完成的工程也完全破坏掉。水退时，为检查所受的损害，他亲自到工地现场。此时，工人们均以忧郁的表情看着泥土及被掩埋的机器。

他微笑着走到工人中间，道："你们的表情为何如此忧郁?"

"你难道不知道情况有多糟?"工人们反问："所有的机器都被埋在泥土中了。"

"泥土?"他以开朗的口气问。

"是泥土呀!"他们惊讶地重复着，"你看看四周吧！全是一望无际的泥海。"

他笑着说："不，我没看到泥土。"

"你怎么这样说?"他们惊异地问。

"你们问我为什么?"凯撒先生接着回答，"我是抬头仰望连一朵云都没有的蓝天，那里连一块泥土都没有，只有太阳在发亮，我从未见过能对抗太阳的泥土。不久之后，泥土会干燥，你们就能轻易地发动机器，重新开始工作了！”

他的确说对了，如果眼睛只俯视着泥土，可能会觉得绝望，最后使自己失败；但如果心中抱定乐观的想法，必然会带来成功。

“你并不是，”励志导师诺曼·文森特·皮尔说，“你并不是你想像中的那样，而你却成为你想像中的人。”

这么说是不是暗示：对于所有的困难，人们都应该用习惯性的乐天态度去看呢？不是的。不幸得很，生命不会这么单纯；但大家却要趋向正面的态度，而不要采取反面的态度。换句话说，人们必须关心自身的问题，但是不能忧虑。不要做一个受制于自我的困兽，冲出自制的樊笼，做一只翱翔的飞鹰吧! 只要是抱着乐观主义的态度，就必定是个实事求是的现实主义者。而这两种心态，是解决问题的孪生子。

许多人总是等到自己有了一种积极的感受再去付诸行动，这些人在本末倒置。积极行动会导致积极思维，而积极思维会导致积极的人生心态。心态是紧跟行动的，如果一个人从一种消极的心态开始，等待着感觉把自己带向行动，那他就永远成不了他想做的积极心态者。

谁想收获成功的人生，谁就要当个好农民。我们决不能仅仅播下几粒积极乐观的种子，然后就指望不劳而获，我们必须给这些种子浇水，给幼苗培土施肥。要是疏忽这些，消极心态的野草就会丛生，夺去土壤的养分，直到庄稼枯死。

照看好生机勃勃的庄稼，别给野草浇水。

一个对自己的内心有完全支配能力的人，对他自己有权获得的任何其他东西也会有支配能力。当我们开始应用积极的心态并把自己看成成功者时，我们就开始成功了。

——美国钢铁大王 安德鲁·卡内基

积极心态是成功的驱动力

人们常常心存良好的期待，期待着将来能前程似锦，能充满着光明与希望，期待着自己将来的志愿与梦想终能实现。因为从这种期望中，人们可以生出无穷的力量。

对生命最有帮助的，莫过于在心中怀着一种乐观的期待态度——一种只关注与期待那些最好、最高、最快乐的事物的态度。

对于自己的前程有着良好的期待，这足以促使人们奋起而努力。人们期待成家立业、安富尊荣，期待着自己在社会上占有一席之位，甚至崭露头角。这种种期待，都能驱策人们努力奋斗。

世界上有许多人，他们都自以为世间有种种的幸福安乐，以及种种的高等物质享受，然而他们哀叹那都不是为他们而设的。他们顽固地相信，那些东西只有别人才能享受，自己对于这些没有份儿的！

为什么他们与别人拥有不同的生活，别人有份，他们没有份呢？就是因为他们认为自己是与别人不能相提并论；认为自己是属于下等的；因为他们自暴自弃。上苍是没有什么方法可以使人们得到世间的种种幸福，假使他们总是深深地相信那些东西自己是没有份儿的！假使你总是志趣卑微自甘堕落；总是对自己没有多大的期待；总是不相信世间的种种幸福是可以属于你的，你自然只能渺小卑微地度过一生了。

美国大学的篮球队员个子都非常高。相比之下，岱顿大学篮球队的吉斯·布瑞斯威尔真是矮得令人难以置信——只有1.52米。布瑞斯威尔非常敬佩NBA黄蜂队1.60米的布吉斯，他比第一个真正在NBA球赛中扬名的矮球员史巴德·韦伯还要矮上一截。

最奇妙的是他的动作灵敏无比，三分球几乎从不失误，控球技术绝佳，就连篮板球都十分了得。正如对方教练——东肯塔基队的麦克·柯宏所说的：“吉斯是个有心人，他的热情及热忱鼓励了观众。”吉斯·布瑞斯威尔给所有身材矮小——甚至身材有缺陷的人一样最好的礼物，那就是“希望”。

这个故事告诉人们：测量一个人的身高、体重非常容易，但任何仪器都无法测量出那位教练所说的“心”。只要能确认、运用、完全发挥内在的能力，人生的路将是无限的宽广。

每个人都可以向这个年轻人看齐，重建自己的希望。

期待自己做成大事业的心理，最能发挥人们的能力，唤起人们潜在的力量。这种力量要是没有重大的期待，迫切的催唤，它们是会被永久埋没的。

你应该有坚强的自信，相信自己总能实现所有的理想。对于你自己，天下没有做不成的事！不要存有一丝的怀疑念头！你应当将这种念头逐出你的心境，只留下足以帮助你成功的思想。

你要怀着一种乐观的期待态度。期待一切事情都将是吉而非凶，成功而非失败，幸福而非痛苦。这对于你的生命最有裨益。

凡是期待极强的人，不管环境怎样困难，他总会取得成功的，因为他那种坚强的精神态度，会肃清一切阻碍意志薄弱者前进的“成功之敌人”！

你已经知道你内心有无穷的力量，因此，只要你能保持信心，你就能到达任何你想要去的地方。

假如还有信心与希望，即使只是微如星光，也能照亮你前行的远景。因此你需要一幅新的地图，要用一个全新的宏观的眼光，来看待你自己的位置。你必须在心态与认知上，首先跨出一大步，否则你只会陷于目前的不愉快的处境。

圣·保罗说：“更新你们的思想，你们就能获得新生。”即是说，我们应该改变、纯洁、更新和提高我们的思想认识。

当你转向他处时，你的眼界也变了， 因而你的人生也会大变样。对于那些没有勇气和一遇失败就一蹶不振、胆色全无的人来说，世界一无是处。

也有许多人，虽然他们失去了他们所有心爱的东西，虽然他们失去了他们一生努力奋斗得来的物质财富，但因为他们拥有一颗坚定的心，一种百折不挠的毅力和一种不留退路、勇往直前的决心，因此，他们就像失去财物以前一样，并非是真正的失败， 因为有这种最可宝贵的精神财富，他们不可能贫穷。

有衰亡就有生长。只要我们继续发展，只要我们不停地更新思想观念，不停地追求新知和进步，那么，退化、衰变、老化和腐化的过程就绝不可能在我们身上出现。世间存在一条永恒的更新法则，这条更新法则在我们身上不断地起作用。惟有在我们产生不利的思想观念和心态混乱时，这条更新法则才会失灵。

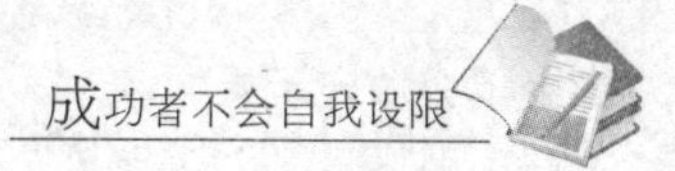

成功者不会自我设限

在意大利威尼斯城的一座小山上，住着一个天才老人，据说他能回答任何人所问的问题。当地的两个小孩打算愚弄这个老人，他们捉了一只小鸟后，问老人：鸟是死的还是活的。老人不假思索地答道："孩子，如果我说鸟是活的，你就会勒紧你的手把它弄死。如果我说鸟是死的，你就放开手让它飞掉。你的手实际握着这只鸟的生死大权。"这个故事没有一丝渲染，也没有一丝保留。你手中握着失败的种子，也握着迈向伟大的潜能。你的手握有能力，但是它们必须用到正当的地方，这样你才能得到报酬。

生命中最悲伤的经验之一就是听某人说："我希望能像他或她那样的谈话、奔跑、跳跃、歌唱、跳舞、思想、集中意志。"等等的话，这种语调多半会由逐渐小声而变为无声。这个讯息意味着："如果我适巧有其他人的能力，还有什么事情我做不到呢？"这个答案就意味着：如果你不能发挥你的能力，那么你就更不会用别人的能力，去做类似摘棉花之类的简单事情了。你在欺骗自己，而且不诚实。假若你不小心的话，就会变成每个大都市里，我们可能遇到的"有希望的犯人"之一。这些有希望的犯人都希望有一天能走在马路上，提着一只箱子或皮包，里面塞满了钞票。他们希望马上有转机，能立即为他们带来声名与财富。你也可以在海岸地区见到这些人。他们很希望看到船正驶向途中，但是他们自知它永远离不了码头。是的，他们都是有希望的犯人，而且一直幻想，希望拥有其他人的能力或才干。生命的故事一再向人们重复保证，如果你想发挥你的能力，你就会有更多的能力。生命也告诉你：如果你不使用能力的话，就会失去它。

在西部电影中常有牛仔从落日余晖的荒野，回到夕阳笼罩下的西部城镇的镜头。请回忆一下这些景象。

在电影中，牛仔常去的地方就是酒吧，酒吧里有醇酒、美人。来到酒吧前，把马绳绑在圆木上，你可以回忆一下那时的情景。

牛仔如何系住这条马绳呢？只是稍微卷几下而已。

进入酒吧饮酒，玩扑克，然后出现打架的场面。

酒杯乱飞、玻璃割破了，烛台掉下来，不久燃烧起来，于是马儿焦虑不安而急欲脱逃。

你慢慢地回想这些情景。为何马不能立刻逃开呢？

你可能已经知道。

马被绑着时，由于经年累月受到驯马师的教导，只要有一点小小的力量牵制时，马匹即不敢擅动，于是它不敢逃走。但是马儿成长后，虽然强壮有力，可是心中还是留有被绑着时即不可逃走的意识。因而遇到这种危险的场面却存在着该逃而不敢逃的概念。

回顾我们所走过的人生，以前面的马为例，如同驯马师一样调教你的是父亲、母亲、师长和周围的人。

在生活中，人们的心确实也常被这种事实所套牢。

只要一个人认为自己是外在条件的产物，他就会为环境所束缚，而一旦他了解到自己是一股创造性的力量，而且他可以控制和指挥环境中的种子与泥土，那么他已经成为自己合法的主人了。

每个人的性格中都有优点和弱点。问题是，你所强调的是自己的优点还是弱点？你靠什么来生存下去？如果着重在弱点方面，你将会自我设限。如果你强调的是积极因素，你将会越来越坚强和自信。这个道理非常简单易懂。

但是，我们不能将自己的弱点与自我想像的弱点混为一谈。学习如何接受自我是克服弱点的第一步。大多数有自卑感的人总是把注意力的焦点放在自我身上，也就是将目光放在弱点上。对不重要的事也以自我为中心来考虑，以为每个人都在注意这些事，其实并不是如此。

自我贬低容易使人自卑，并且自弃。

为什么许多人经常会深陷于自卑情绪而痛苦呢？心理学家告诉我们，人类性格中最常见的弱点之一便是他们并“不想要成功”。他们认为成功是一件危险的事，因为要保持成功的地位，必须付出更多的代价。所以，他们便故意或者无意地强调自己的弱点，显示出不如他人的样子。

许多人经常找出自己性格上的小弱点，自认为这就是缺点，然后又费尽心机使自己相信：“因为这个弱点，所以不能成功。”要解决这个问题，就必须先了解，我们每个人都能成功、快乐和坚强。所以你必须决定，你打算要突出哪一方面，这一决定权在于你。一旦你选择突出自己的长处和优点，自卑感便会消失，一种强而有力的能力便会取代你的缺陷及弱点。

事实上，你整个的生命可以变得更坚强、更快乐。当你不再自我设限之后，你的内心便会有重大的突破。更坚强的信仰、深刻的理解和无畏的奉献将会为你开启另一扇人生之门。你不仅会精力充沛，可以应付各种问题，还会有足够的余力和远见，对许多人产生创造性的影响。

不会再有失败，不会再有挫折，不会再有绝望，人生不会在瞬间变成轻松或浮华。人生是真实永恒的，有各种问题存在。以积极的心态去思考，去行动，你就不会再被任何难题所控制、阻挠。对你和其他人一样，积极心态一定有惊人效果。

时刻培养自己的积极心态

成功的过程实际上也是一个具有较为完整人格或具有完整趋向的人，把自己内心的潜能通过外显行为释放或表现出来的过程，是一个向环境或其他人展现自身优越感的过程。它需要人们始终持续地保持一种积极的心态，不断激励自己向着既定的目标前进。美国哈佛大学的心理学家威廉·詹姆斯研究发现，一个没有受到激励的人，仅能发挥其能力的 20%~30%，而当他受到激励时，其能力可以发挥至 80%~90%。这就是说，同样一个人，在通过充分激励之后，所发挥的作用相当于激励前的 3~4 倍。

成功的过程必须是一个自我激励的过程，一种保持着积极心态的过程。因为很难想像，一个心智残缺不全的人，一个没有安全感的人，一个人格健康概念极为含糊的人，能有多少精力进行奋斗。

以蜜蜂为例。

蜜蜂能自由自在地飞翔，它的翼比起身体来说是非常的小，但它却飞起来，真是不可思议。

从航空学的角度来看，羽毛很小而身躯庞大，应该是不能飞的。

学者们对蜜蜂能飞翔的事实产生了既奇妙又神秘的结论。

“蜜蜂相信自己能飞翔”这就是结论。

因此我们也要说：“相信我能做得到”。

人的学历、能力、运气、财产对他的成功是不起决定性作用的。

成功学导师拿破仑·希尔经历20年的时间，采访了504位各个领域的顶尖人士，总结出他们成功的普遍法则，其中尤为强调积极心态对人们成功的重要作用。并提出了人们积极心态养成的重要方法，可供世人借鉴。

切断和你过去失败经验的所有关系，消除你脑海中的那些与积极心态背道而驰的所有不良因素。

找出你一生中最希望得到的东西，并立即着手去得到它，借着帮助他人得到同样好处的方法，去追寻你的目标。

确定你需要的资源之后，便制定如何得到这些资源的计划，然而所定的计划必须不要太过度，也不要不足，别认为自己要求得太少。记住，贪婪是使野心家失败的最主要因素。

培养每天说或做一些使他人感到舒服的话或事的习惯。你可以利用电话、明信片，或一些简单的善意动作达到此目的。例如给他人一本励志的书，就是为他带来一些可使他的生命充满奇迹的东西。日行一善，可永远保持无忧无虑的心情。

使你自己了解一点，打倒你的不是挫折，而是你面对挫折时所持的心态，训练自己在每一次不如意的处境中都能发现与挫折等值的积极一面。

务必使自己养成精益求精的习惯，并以你的爱心和热情发挥你的这种习惯，如果能使这种习惯变成一种嗜好，那是最好不过的了。如果不能的话，至少你应该记住：懒散的心态，很快就会变成消极心态。

当你找不到解决问题的答案时，不妨帮助他人解决问题，并从中找到你所需要的答案。在你帮助他人解决问题的同时，你也正在洞察解决自己问题的方法。

我们在这个世界上到底能占有多少空间，与我们为他人利益所提供的服务的质与量，以及提供服务时所产生的心态成正比。

改掉你的坏习惯，连续一个月每天减少一项恶习，并在一个月结束时反省一下成果。如果你需要顾问或帮助时，切勿让你的自尊心使你却步。

要知道自怜是独立精神的毁灭者，请相信你自己才是惟一可以随时依靠的人。

把你一生中所发生的所有事件都看作是激励你上进而发生的事件，因为只要你能给时间减少你烦恼的机会的话，即使是最悲伤的经验，也会为你带来最多的财产。

把你的全部思想用来做你想做的事，而不要留半点思维空间给那些胡思乱想的念头。

你要相信，你可以为所有的问题找到适当的解决方法，但也要注意你所找到的解决方法未必都是你想要的解决方法。

参考别人的例子提醒自己，任何不利情况都是可以克服的。虽然爱迪生只接受过3个月的正规教育，但他却是最伟大的发明家。虽然海伦·凯勒失去了视觉、听觉和说话能力，但她却鼓舞了数万人。明确目标的力量必然胜过任何限制。

对于善意的批评应采取接受的态度，而不应采取消极的反应，接受学习他人如何看待你的机会，利用这种机会做一番反省，并找出应该改善的地方，别害怕批评，应该勇敢地面对它。

避免任何具有负面意义的说话形态，尤其应根除吹毛求疵、闲言闲语或中伤他人名誉的行为，这些行为会使你的思想朝向消极面发展。

——引自奥里森·马登《一生的资本》

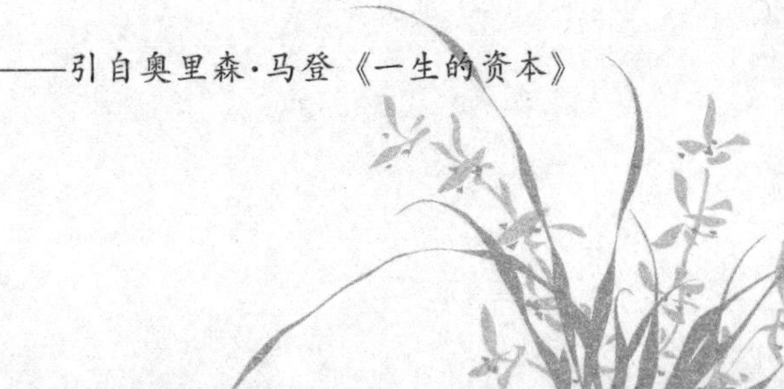

正如科内里所说：“假使我们自比为泥块，那我们将真的会成为被人践踏的泥块。”而实际上我们每个人都是一颗钻石，心态上的健康与否将决定这颗钻石光芒是发散还是就此湮灭。

为今天而活，趋向你的成功

成功者能够觉悟到，只有“现在”是真实的，只有“现在”是存在的，并能彻底觉悟到世间实际上无所谓“昨天”与“明天”，而只有“今日”是可靠的，觉悟到我们不应当将我们的生命投射于“未来”的境界，或回归“过去”的地域，觉悟到我们所有的一切只是整个永恒的“现在”。而所谓年、月、日、小时、分、秒，不过是对整个永恒的“现在”的生硬而勉强的划分。假使我们能够大彻大悟到这一点，我们生命中所享有的欢乐和工作的效率，真不知要增进多少！

“今日”是世界上有史以来最伟大的一个日子。它是集合一切过去的日子的总和而构成的，在它中间，包藏着过去各时代的所有成功与进步。

人们往往有“生不逢时”的感叹。他们总以为过去的时代才是黄金时代，而他们现在所处的时代则是不好的。这真是一个绝大的错误！凡是构成“现在”世界一分子的，必须真正生活于“现在”的世界之中。我们必须要去接触，加入现实生活的洪流，必须要纵身投入现在的文化巨浪中去。

人们每每有这样一种心理，想摆脱他现在所处的不快的地位与职务，而指望在渺茫的未来寻得快乐与幸福。

我们不应该常常生活干预期与幻想的世界中，幻想过度会使生活趋于枯燥、乏味。预期、幻想，会使我们对现在的地位与工作不感兴趣，甚至产生厌恶。它会破坏人们享受“现在”的能力。

一个人应该生活于“现实”之中，他应该充分利用“现实”，不要把精神枉费于对过去错误与失败的追悔，也不要浪费于对未来的梦幻之中，一个“现实”中的人要比那些只会瞻前顾后的人有用得多，他的生活也更能成功，更能完美。

世界闻名的霍布金斯医科的创立之人，牛津医科等四所大学教授，畅销书的作者奥斯娄在年轻时只是一位不名一文的普通学生，也曾为毕业后的生计忧虑。然而，嘉莱尔书中所谈到的 23 个字却使他成为当代最著名的医生。之后，他被英王授予爵士之位，在他去世时，有两部共 1466 页叙述它生活史的巨著流传于世。1913 年，他曾经在耶鲁大学的讲演中，讲述了如下一个故事。他告诉大学生这个故事体现出他成功的秘诀，也就是那 23 个字的真谛：

“我来耶鲁演讲之前，曾搭大邮船横渡大西洋，目视站在司令台上的船长把机关一按，机器发出一阵响声，船上各部门立刻一齐动作，鼓动前进。在座的每一位，比起这只大邮船，更是一个奇异的组织，要走更长远的航程。我是热望你们这样学习管理机器，安坐驾驶室中，正是航行安全最妥当的法门，走上司令台看看，各部门都在工作，秩序井然；按一个键盘听听，在你生活的每一个层次上，铁门关闭了‘过去’，——这死去的‘昨日’——再按一个键盘，把将来——这不可知的‘将来’用铁门关闭。那么你就安全——今天安全。‘过去’的关住，该死的‘过去’自寻葬身之地吧。……封闭‘昨天’，‘昨天’足以使愚人走上灰色的死亡。‘明天’的负担，加上‘昨天’带走了‘今天’，使最强者彷徨。把‘将来’封锁起来，像封锁‘过去’一样的紧。‘将来’就是今天，并没有所谓的‘明天’。人的解放的日子就在‘今天’。精力的浪费，精神的痛苦，神经的烦恼，最足以乱人步骤者，就是对‘将来’的焦虑。那么，只有把船尾大小各舱一齐封锁而养成稳坐驾驶室、专注驾驶的生活习惯，也就是把握今天，才是正确的生活习惯。”

人们要做的就是集中自己的智慧，自己的热忱，去做“今天”的工作。只有这才是准备“明天”的可能方法。

那使奥斯娄走向成功的23个字就是：

我们的要务，不在瞻望渺茫的远方，而在把握明白的眼前。

信心拯救命运

让我们能觉悟到“天生我材必有用”；觉悟到造物育我，必有伟大目的或意志寄于我生命中，而万一我不能将我的生命充分表现于至善的境地，至高的程度，这对于世界将会是一大损失。怀揣这种意识，就一定可以使我们产生出一种伟大的力量和勇气！

有许多人总是认为，世界上的美好东西是与自己沾不上边的，人世间种种善、美的东西，只配那些幸运的宠儿们所独享，对于自己是一种禁果。他们将自己沉迷于卑微的信念之中，那他们的一生自然也只会卑微到底，除非他们有朝一日醒悟过来，敢于抬起头来要求“卓越”。世间有不少原本可以成就大业的人，但他们最终平平淡淡，度过了自己平庸的一生。他们之所以落得如此命运，就因为他们对于自己期待太小、要求太低的缘故。

自信心是比金钱、势力、家世、亲友更有用的要素，它是人生最可靠的资本，它能使人克服困难，排除障碍，不怕冒险。对于事业的成功，它比什么东西都更有效。

有一天，一名流浪汉来到美国著名教育家、心理学家戴尔·卡耐基的办公室寻求他的帮助。在一战前，他把自己的全部财产投资在一种小型制造业上。1914 年世界大战爆发，使他无法取得工厂所需要的原料，因此他只好宣告破产。金钱的丧失，使他大为沮丧，于是他离开了妻子儿女，成为一名流浪汉。从此后，他很茫然，充满了沮丧，到最后甚至想要跳进密歇根湖了此一生。

卡耐基将他引进实验室，和他一起站在一面高大的镜子前。卡耐基指着镜子里的人说："在这世界上，只有这个人能够使你东山再起，除非你坐下来，彻底认识这个人，否则，你只能跳到密歇根湖里，因为在你对这个人做充分的认识之前，对于你自己或这个世界来说，你都将是个没有任何价值的废物。"

流浪汉朝镜子前走了几步，用手摸摸他长满胡须的脸，对着镜子里的人从头到脚打量了几分钟，低下头，哭泣起来。卡耐基知道自己的忠告已经发挥功效了，便送他离去。

几天后，卡耐基在街上碰见了这个人，几乎都认不出他来。他的步伐轻快有力，头抬得高高的。他从头到脚打扮一新，看来很成功的样子，而且他也似乎有此感觉。

那个曾经流浪的人告诉卡耐基，自己正要到办公室去，把好消息告诉他。他对卡耐基讲，那天他离开办公室时还是一个流浪汉。虽然外表失魂落魄，但仍然找到了一项年薪丰厚的工作。他的老板还先预支了一些薪水让他去买新衣服，并寄一部分钱给家人。现在自己又走上成功之路了。

那个人对卡耐基讲，将来有一天，他还要再去拜访卡耐基。带去一张支票，签好字，收款人是卡耐基，金额是空白的，由他填上数字。因为是卡耐基帮他认识了自己。

那人说完话，转身走进了芝加哥拥挤的街道。其实，在从来不曾发现"自立"价值的那些人的意识中，原来隐藏了伟大的力量和各种潜能。人们应该坚信困难只是心理上的，人可以拥有全世界所有的才干与机会——但惟有热爱自己的所作所为，才能享受100%的美满人生。

一个人成就的大小，永远不会超出于他自信心的大小。拿破仑的军队绝不会越过阿尔卑斯山，假使拿破仑自己以为此事太难。同样，在你的一生中，你也绝不可能成就伟业。假使对于自己的能力心存重大怀疑或不自信。

如果不热烈而坚强地渴求成功，不对成功充满期待，那么就不能取得成功。成功的先决条件，就是充满自信。

支流不会高于它的源头之水，而人生事业的成功，也必有其源头，这个源头，就是自期与自信。不管你的天赋有多高，能力有多大，教育程度多么精深，你在事业上所取得的成就总不会高过于你的自信。

成功者无畏

人类是高等动物中惟一能通过意识来作用，而不必经由外在影响的驱迫，便自动从内在控制情绪的。

人只靠自己就可以大大改变情绪反应的习惯。越文明、越开化、越进步，越“容易”随自己的意思来控制情绪。

由于情绪可以通过思想与行动的结合而受到控制，而恐惧畏缩的情绪对成功是有百害而无一利的，应该予以化解。

情绪不一定会立刻服从理智，却会听从行动。如果用理智来判断消极的畏惧情绪没有用，可以鼓励自己用积极的情感代替恐惧。

一个很有效的方法就是，用一个能使自己的想法具体化的象征文字来鼓励自己，其实也就是自我命令。因此，害怕时若想要勇敢起来，就要把“勇敢”这两个字尽快说几次，然后立刻行动。如果你想要勇敢，就要勇敢地行动。怎么做呢？使用座右铭“现在就去做”，然后立即行动。把心思放在自己想要的事情上，不要放在不想要的东西上。

要克服畏惧最重要的是心中不要有任何妄念和冲突，用正常的自然的态度来处理事情。你应该事先采取一些准备和预防行动，相信生命本身，相信自己，也相信他人，然后正常地、毫不畏惧地去做你该做的事。

一天，皮尔坐在芝加哥一家旅馆22楼的房间里，俯瞰密歇根大道以及密歇根湖。有人敲他的房门，他打开门看到一个年轻人，手中提着一个圆桶，拿着抹布和窗擦子。“先生，我要擦你房间的窗子，方便吗？”年轻人问。

“没关系，进来吧。”皮尔说。年轻人走到窗前，把腰带钩在窗栏上，然后把一只脚伸出了窗外。“喂！”皮尔说，“这里离地面有22层高啊。”

“我知道，但是我在窗子里面擦不到外面的玻璃。”

“我知道，但是你把一条腿伸到窗外去。非得这样吗？”

“你不要为我担心，”他告诉皮尔，“我知道该怎么办。”

“你喜欢擦窗子这个工作吗？”皮尔问他。

“当然，”年轻人回答说，“我总是在别人上面。”

“但是你怎么一点也不怕呢？”

“哦，”他回答，“这很简单。首先你把带子固定好，确确实实地把它固定好，然后你对带子就有了信心。你知道它会吊住你，然后你敲一敲窗子，祷告一下，你就尽管忙着去擦窗子好了。”

他爬出窗子开始工作，从窗子外面对皮尔微笑。他吹着口哨，是一支轻松快乐的曲子。

“你好像很快乐？”

“为什么不快乐呢？”他反问，“没什么让我担心害怕的。我享受我的一切。”

“你从来都不觉得怕吗？”

“当然不怕，有什么好怕的？没什么事好怕的啊。”

年轻人显然有很健康的心智，无所畏惧，真是个难得的了不起的人，令人印象深刻。他有一个人所能有的最重要的资产——一种好的、健全的、不混乱的正常心智，其中没有畏惧，这使他能发展出健全的人生哲学。

“尊重”（esteem）一词表面的意思是承认价值。我们为什么敬畏星星、月亮、无垠的大海、花果和壮观的夕阳，同时又贬低自己呢？真正的自重，不是因为你做了什么大事，你拥有什么东西和你的声望地位，而是对你自己正确的认识。

如果能打开你心智的眼睛，看到你内在无限大的宝库，你会发现，在周围就有着无限财富。在你里面有着一座金矿，你可以从这座金矿取得所需的一切东西，而使生活变得光荣、愉快和丰富。

很多人都沉睡不醒，因为他们不知道在他们里面有着无限智慧和爱的金矿。不论你要什么，你都能抽取出来。一块有磁性的金属，可以吸起比它重11倍的重物！但是如果你除去这块金属的磁性，甚至连轻如羽毛的重物它都吸不起。同样的，人也有两类。一种是有磁性的人，他们充满了信心和信仰。他知道他天生就是个胜利者、成功者。另外一种人，是没有磁性的人。他们充满了畏惧和怀疑。机会来时，他们只会说："我可能会失败！我可能会失去我的钱，人们会耻笑我。"这一类的人在生活中不可能会有成就，因为如果他们害怕前进，只好停留在原地。你，要成为一个有磁性的人，一个无所畏惧的人。

——美国著名文学家 威廉·福克纳

设定清晰的目标

有一位父亲带着3个孩子，到沙漠去猎杀骆驼。

他们到达了目的地。

父亲问老大："你看到了什么呢？"

老大回答："我看到了猎枪、骆驼，还有一望无际的沙漠。"

父亲摇摇头说："不对。"

父亲以相同的问题问老二。

老二回答："我看到了爸爸、大哥、弟弟、猎枪、骆驼，还有沙漠。"

父亲又摇摇头说："不对。"

父亲又以同样的问题问老三。

老三回答："我只看到了骆驼。"

父亲高兴地说："答对了。"

正如上面这篇故事所寓意的，每个人都要有一个目标，不是模糊不清的目标，而是明确清楚的目标。你得知道自己要做什么？你要到那儿去？你要做什么样的人？而且知道得毫不犹疑。第二步——真正要实行的一步——是要确定这个目标是正确的。如果不正确，那就是错误的目标，目标错误永远不会有正确的结果。

然后你以心智渗透的办法把这个目标锲而不舍地打入你的心智中，再使这个目标深入到你的潜意识中。一旦这个目标牢牢地固定在你的潜意识中，你就确确实实把握了它，因为它已经把握了你，整个的你——你的希望，你的思想、看法和你的努力。

然后在你的目标后面加入积极的而不是消极的想法。持消极想法的人只会放出破坏的力量，而这种力量可以毁了他，如果他发出消极的想法，他就会使得他四周的世界也消极地对待他，这是消极会引发消极的定律。"种瓜得瓜，种豆得豆。"同类相聚，某一种想法自然会生出某一种结果。有消极想法的人常常只会为自己吸引来消极的结果，这是他自求的。

相反的，抱有积极想法的人散放出乐观和积极的光芒，会使他四周的世界也以积极回应他。同样的基于种瓜得瓜的定律，他为自己得回的是美好积极的结果。他工作再工作，思考再思考，相信又相信，他永不止息，永不放弃。他把积极的信仰和行动注入到努力中。结果呢？因为他认为他行，他做什么事都行，都能做成、做好。他的梦想可以成真，他能达到他的目标……奇迹也就会发生。

你要弄懂其中的意思，这是你不能错失的，因为它会影响你的一生。这个意思是：有好动机的目标和梦想，都可以实现，都可以成真。

当你遵循你心中的梦想时，你会充满力量，时刻受到启发和刺激。

当你集中于你生命中最初的目标时，就将轻松越过障碍。

知道你正往哪里去，并遵循你内心和灵魂一致的指引时，你将拥有一次更充实的旅程。

世界是由两类人组成的，一类是意志坚强的人，另一类是心志薄弱的人。后者面临困难挫折时，总是逃避，畏缩不前。面对批评，他们极易受到伤害，从而灰心丧气，等待他们的也只有痛苦和失败。但是意志坚强的人不会这样。他们来自各行各业，有体力劳动者，有商人，有为人父母者，有教师，有老人，也有年轻人，然而他们的内心中都有股与生俱来的坚强的特质。这使他们一旦认定了目标就能够坚持下去，直到成功。

——美国哲学家、心理学家 威廉·詹姆斯

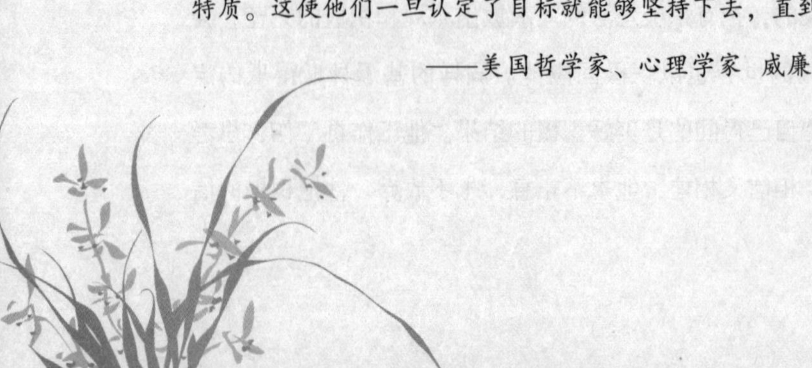

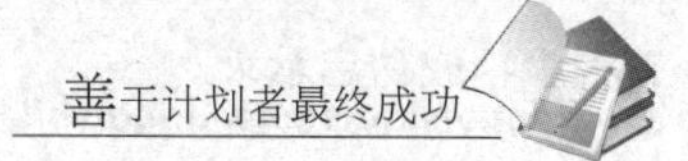

善于计划者最终成功

金钱是害羞而且难以捉摸的。必须像一个下定决心的爱人运用各种方法去追求他心爱的女子那样，才能追到及赢得金钱。很巧的是，用来“追求”金钱的方法与力量，和用来追求一位淑女的方法与力量大体相同，没有太大的差别。要想成功地追求到金钱，必须把这股力量混合信心、欲望、毅力，并做出计划来付诸行动。当金钱大笔来到时，它会自动流向一个人，就像大水自山上流下，使人很容易就能积下大笔钱。有一股看不见的力量存在，这股力量也许可以比喻为一条河流，河流的一边顺流而下，把进入这条河流的这一边的所有人，顺流送下去，到达富裕的终点；但河流的另一边却逆向而流，不幸进入河流这一边的人（他们没有能力摆脱这条河流），将被带往悲伤而贫穷的终点。

每位成功者都知道有这条生命河流的存在。它包含了一个人的思考程序。积极的思想情绪就是河流的顺流方向，能把一个人送往成功的园地。消极的思想情绪则是逆流的河道，把一个人送往失败的境地。

对每位想成功的人来说，这条河流是十分重要的。

如果你置身于通往失败的力量河道中，那么，上面的理论可以作为你的桨，你可以把自己划到河流的另一边去。但你必须加以运用、采取行动，它才能帮助你。只是随便阅读一遍妄下判断，对你毫无用处。

成功和失败经常变换位置。当成功占据了失败的地位时，这种变化通常是通过策划及执行完善的计划而进行的。失败则不需要任何计划，它用不着任何计划来协助它，因为它是鲁莽而轻率的。成功是害羞而胆怯的，必须加以追求及吸引，才能得到它。

但你要注意的是，如果计划制定的较为可行，你就一定要坚持下去，不要做轻易的变更。让我们听听大师的劝诫吧！

如果第一个计划出师未捷，换个新的计划；如果新的计划也没有成功，再换别的；依此类推，一直换到计划成功为止。这一点正是很多人之所以遭逢失败的原因所在，因为他们没有再拟新计划来取代失败的计划，他们没有再接再厉、坚忍不拔。

少了切实可行的计划，再聪明的人也没办法成功累积金钱。即使从事其他的任何事业，也不会成功。请务必牢记这一点，并且，计划失败时请不要忘记，一时的不如意并不是永远就此宣告失败。也许这只是意味着，你的计划不够妥善明智。要再拟其他的计划，东山再起。

一时的不如意只不过意味着你的计划有不妥的地方，只有这一点是确定的。千百万人终其一生穷困潦倒，是因为缺乏累积财富的明智规划。

你的计划有多明智，成就也就有多大。

除非一个人心理上先弃甲缴械，否则是不会宣告阵亡的。

希尔起初在筹钱铺设横跨美国东西两岸的铁路时，也失意过一阵子，但他仍更新计划，卷土重来，反败为胜。

亨利·福特不只在生涯起步时失意过，在攀登巅峰的路上也一样不能尽如人意。他草拟新计划，并迈开大步，勇往直前，终至大发利市。

我们见到很多人积聚了巨额财富，但我们往往只看见他们的胜利得意，而忽略了他们成功之前，必须超越的诸多不顺利。

遵行思考致富哲学的人也一样，不要指望未经“一时失意”的洗礼，就能成功。失败来临的时候，要把失败当作是计划不够妥慎周详的讯号。再次扬帆出海，航向希望的目标。如果出师未捷心先死，你就是“半途而废者”。

半途而废者永远不会赢，赢家永远不会半途而废。

——引自拿破仑·希尔《思考致富》

请节录上面那句话，写在纸上，贴在就寝前、每天去工作前看得见的地方，时刻提醒自己。

将成功的愿景变成可行的计划

有些人对于“追求成功”一事，抱着恶意批评的态度，他们认为富有的人，都是以牺牲他人作为致富的跳板，他们没有看到一个成功的人要付出比大多数人更多努力的事实。

一个人想要靠钱致富之前，必须先赚到一笔钱，我们看过许多彩券中奖者在获得意外之财后数年就破产，以及巨额财产的继承人沉溺于酒精或赌博的例子。

因成功而致富的价值，在于追求成功的过程中，我们会学到一些经验和教训，在这个过程中，你会了解只有当你愿意承担重任，而且愿意不断地付出真实价值的物质与精神两方面的努力时，才会获得成功。

大多数的人，都不愿意为明确目标做出奉献。而你要听从你内心的声音，特别是当它坚强而有力时更应如此。切勿和它背道而驰，因它具有预言的魔力。它是你天生的先知。许多人被恐惧心理所毁，然而未设法预防前，恐惧又有什么用?有人天生对理想忠贞不渝，这种心理总给他们预示，长鸣警钟，挽救他们于失败之前。成功之道不是祸患临头时仓促应战，而应在行事之前对事物有一个整体把握。

如果你写不出心中所想的明确目标，则可能意味着你对这个目标的确信程度还不够。

一旦你写出计划之后，便应每天对自己至少大声念一次，这样做不但可以加强你的执著信念，同时也可以强化你心里的力量。

当你面临选择执行的方法时，念出写好的明确目标，可使你对目标本身有更清楚的了解，使你确定你仍然朝着目标前进。

一项活动要有用，就一定要朝向一个明确的目标。也就是说，成功的尺度不是做了多少工作，而是做出了多少成果，赚了多少钱。

关于这个概念，最好的例证就是法国博物学家让·亨利·法布尔所做的一项研究的结果。法布尔研究的是巡游毛虫。这些毛虫在树上排成长长的队伍前进，一条毛虫带头，其余跟着。法布尔把一组毛虫放在一个大花盆的边上，使它们首尾相接，排成一个圆形。这些毛虫开始动了，像一个长长的游行队伍，没有头，也没有尾。法布尔在毛虫队伍旁边摆了一些食物。但这些毛虫要想吃到食物就要解散队伍，不再一条接一条前进。

法布尔预料，毛虫很快会厌倦这种毫无用处的爬行，而转向食物。可是毛虫没有这样做。出于纯粹的本能，毛虫沿着花盆边一直以同样的速度走了7天7夜。它们一直会走到饿死为止。

这些毛虫遵循着它们的本能、习惯、传统、先例、过去的经验、惯例，或者随便你叫它什么好了。它们干活很卖力，但毫无成果。许多不成功的经营者就跟这些毛虫差不多。他们以为忙碌就是成就，干活本身就是成功。

目标有助于我们避免这种情况发生。如果你制定了目标，又定期检查工作进度，你自然就把重点从工作本身转移到工作成果上来。单单用工作来填满每一天，这看来再也不能使人接受了。做出足够的成果来实现目标，这才是衡量成绩大小的正确方法。

把长期目标分割成数个短期目标，是一种很好的解决办法。需要花上数年才能得到手的东西，最好把它分为几个短期目标，例如每三个月有一个小目标，是比较简单易行的。否则，会令人觉得焦躁、颓丧、根本提不起劲做事。若把它分成几个阶段，每达到一个阶段，自然会产生一些成就感。

不要轻易怀疑自我

人类每天必须面对的最阴险的敌人之一就是自我怀疑。在生命的每个转弯处，怀疑都会阻挡我们的去路，甚至在我们已经踏上某条大道之后，仍会在后面晃着他那丑恶的脑袋嘲弄我们。

“怀疑是我们身上最可耻的叛徒，”莎士比亚说，“当我们总是怀疑某种获得利益的尝试是否可行时，我们也就失去了那本该获得利益的机会。”

我们可能曾有过这样的经历。在我们头脑树立了去承担某项任务的决心后，一旦怀疑悄悄地出现，并开始占据我们的心灵，它就会削弱我们的雄心，我们的情绪就会慢慢被怀疑所主导，决心也就开始动摇。怀疑常常对我说：“慢慢来，不要着急。现在可不是着手进行这项任务的恰当时机，还是等待一个更为合适的机会吧！”于是那些我们在生活中早已期待的事情，那些我们早已确信可以取得巨大成功的事情，就因此而永远不会真正开始。我们开始怀疑并不停地等待，直到完全失掉做这件事的勇气。

某些人总是对自己能否完成已经承诺的任务表示怀疑。这些犹豫不决的人就像漂流在海上的浮萍，是永远不会到达任何地方的。他们从不会朝着一个确定的港口航行，他们只是漂流，随着海浪漂流而已。

有许多人本来可以获得巨大的成功，但仅仅因为他们的怀疑和恐惧，失去了完成事情的信心，这样，他们实际上就已经失败了。

要克服这种怀疑心理，只有一个办法，那就是树立一种完全不同的信念：相信你能够完成任何你想完成的事情，并且坚信该项任务值得你为此付出努力。

信心是你的国王，它可以帮助我们完成那些难以完成的事情。而怀疑却是破坏性的，并会扼杀我们的努力。一个人的头脑充满怀疑时，他不可能为此而付出最大的努力。许多人尽管受责任感的驱使而工作，但他们却仍然带着怀疑、恐惧和担忧的心态，这使他们失去了远大的理想，也使他们失去了把事情做得尽善尽美的上进心。

“怀疑是我们身上最可耻的叛徒”，这句话完全正确。怀疑使我们容易背叛我们试图去完成的事业，使我们容易背叛我们期待实现的目标。怀疑更是决心和毅力的杀手，是雄心的敌人，是希望和计划的破坏者。

当一个人的大脑充满了怀疑时，他还可以做些什么呢？显然，他已经不大可能从事任何建设性的、创造性的事情了。你必须清除思想中的这个大敌，然后你才有可能去做值得做的事情。因此，在你对一个问题进行深思熟虑并做出决定之后，千万不要让消极的思想来影响你的计划，破坏你的进程。当然，在付诸任何行动之前，你应该仔细考虑好事情的方方面面；而在你已经做出如何行动的决定后，就决不要让任何事情挡住你的去路。你就按照这一原则毫不迟疑地执行下去吧！历史进程中的所有伟大创造者都是拒绝怀疑的。

当你怀疑自己能否做成一件正在努力从事的事情时，你是否意识到你究竟在干些什么？你是否意识到，你是在剥夺自己争取成功的资格，你正在往自己前进的道路上设置绊脚石，你正在驱逐那些原本吸引和属于你的东西！

你是否知道，你所保持的每一种怀疑情绪都是你希望的磨灭者、志向的破坏者！怀疑情绪还让你每次都对消极气馁让路，从而使你手头正在从事的工作变得越来越难，到最后，你就根本无法完成你已经开始着手的工作了。

相信自己确实具有完成任务的能力，永远不要为恐惧或怀疑心态提供生长的土壤。你应保持积极的、富有创造性的信念，相信你必将胜出，最终获得成功。你应该总是保持胜利的态度，去预见成功，而不是失败；肯定自己，而不是责备自己。这样，你就很容易能受到自我肯定情绪的积极影响。

那些犹豫不决的人，那些总是左右摇摆的人，那些永远不知道自己真实思想的人，那些不能迅速地、坚定地做出最后决策的人，往往因为他们迟迟不能决定去选择哪一条路，以及他们对事物抱有的怀疑心态，使他们遭受了莫名烦恼的巨大折磨。

相信自我是内在的火种，一种流动着的自我肯定心理，它可以使我们的心灵欢唱，建立积极的习惯，使我们顺利地进入清新爽快的生活境界。

我们每一个人的心都有着速成的自信，在等着我们去加以运用。 自从有生以来，我们都曾有过失败、成功，以及种种混杂的经验。我们只要减少失败，决心超越失败，相信过去的成功是一种习惯，常以我们的心眼观察过去的成功，谦逊而不吹嘘地回味成功的滋味， 自我肯定和自信就会成为我们的第二天性，变成一种永久的财富，随时可以使用。不断复诵、反复观照，时时强调我们的得意时刻！可以在我们心中造成一种经常流动的动力。

——法国赛车手 普罗斯特

让进取的能量达到沸点

要想使水变成蒸气，必须把水烧到摄氏100度。水只有在沸腾后，才能变成蒸气，产生推动力，才能开动火车。“温热”的水是不能推动任何东西的。

许多人都想用温热的水或将沸未沸的水，去推动他们生命的火车，而同时他们却还要诧异，自己在事业上为什么总是不能向前突进，出人头地。

一个人对待生命的温热态度，对于他自己的事业或工作所产生的影响，与温热的水对于火车所产生的影响相等。

所谓伟大而有价值的生命，它一定是一个怀着可以主宰、统治、调遣其他一切意志念头的中心意志。没有这种中心意志，人的“能力之水”是不会达到沸点的，生命的火车同样也是不能向前跃进的。

凡是有强力中心意志的人，一定是那种积极的、有建设与创造本领的人。每个人都想做一件事，希望成就一件事，但真能做事、成事的，却只有那些怀着中心意志并意志坚强的人。

你是以怎样的态度来应付“困难”的？面临困难，你会疑心、畏惧、厌恶、犹豫吗？你害怕困难吗？你是怀着“试试看”的狐疑态度呢，还是抱着无畏的气概，坚毅的决心呢？

只要你怀着一种披荆斩棘、破釜沉舟、不惜任何代价、任何牺牲都要达到目标的坚毅意志，你就会从中产生巨大的力量。

有坚强的中心意志的人，他在社会上一定有其重要的地位，使自己为他人所敬仰。他的言语行动都表现出他是个有定力、有作为、有生命目标的人。他朝着目标前进，有如箭头射向红心。在这样的一种意志之前，一切的阻碍就都溶化了。

中心的意志，远大的目标，是青年人的生命中护卫他前进的有力武器，它能使青年人免去种种试探与引诱，而不至堕落到罪恶的深渊中。

当你看到一个青年人，用斩钉截铁的态度去进行他的计划，而丝毫不存“假使”、“或者”、“然而”、“并且”等模棱两可不肯定的念头时，你就可以大胆地断定，他是不会堕落的，他是会成功的。

认清目标，坚定意志，你可以从中产生出一种令你成功的力量来。

假使一个人在心中有了一个新的中心意志、新的生命目标，从那一天起，他就是一个新生的人了，他的耳目所接触的四周就都已气象一新。昨天还在包围、阻碍他的种种恐惧、怀疑、不快与罪恶，现在就已烟消云散。因为一个新的中心意志，已经把那些东西全部赶走。他的生命现在是统一而不是混乱，积极而不是消极，是美而不是丑。他一切酣睡着的能力，现在已经被唤醒而准备投入战斗了。

人生在世，有一件事是必须要去做的，那就是尽力去追求，并努力实现所有的理想。在这种努力中，有我们“自我表现”、“本领竞赛”的机会。这种努力是使我们将生命发挥到最好、最高、最完满的地步的大好机会。

假使一个人在一生中没有一个中心意志，没有一个最高目标，也不想去执行那个意志、达到那个目标，那他的生命历程多少是一种失败。

要做大事必先精神集中。而这种精神的集中，只有在你怀着一个中心意志和崇高的生命目标时才能办到。对于那些我们不感兴趣、缺乏热诚的事情，我们是不会集中精神的。

有些人很想在事业上奋发前进，但是由于一些细枝末节的缘故，他们往往会在一夕之间，抛弃事业，而退下不管。他们常常怀疑自己，他们现在所从事的事业与自己的性情是否适合。他们一遇挫折，就会灰心。一听到别人在其他事业上取得成功，他们就很羡慕，也想在那方面去试一试。

假如人们对于自己所从事的事业如此游移不定，那么可以断定，他一定还没有怀着一个中心意志，他的事业也许与他的天性还不尽适合。相反，一旦他的事业既与他的中心意志相符，又与他的天性相合，使他的事业将成为他生命中不可分离的一部分。到了这种境地，他哪有不成功的呢!

做思想上的富有者

人们会发现，当他改变对事物和其他人的看法时，事物和其他人对他来说就会发生改变……要是一个人把他的思想望向光明，他就会很吃惊地发现，他的生活受到很大的影响。人不能吸引他们所要的，却可能吸引他们所有的……能变化气质的神性就存在于我们自己心里，也就是我们自己……一个人所能得到的，正是他们自己思想的直接结果……有了奋发向上的思想之后，一个人才能兴起、征服，而能有所成就。如果他不能奋起他的思想，他就永远只能衰弱而愁苦。

——詹姆斯·E·艾伦《思考的人》

在《思考的人》这部被《世界上最伟大的推销员》的作者奥格·曼狄诺大力推荐的著作中，艾伦着重论述了思想对一个人成就的重要影响。的确，世界上成就大事者，首先往往就是思想上的富有者。

按照心理学上的解释，每个人都会因思想上的差异产生不同的自我意向认识，也就是对自我属于那种人的不同自我观念。它建立在我们对自身的认知和评价基础上。一般而言，一个人的自我观念都是根据自己过去的成功或失败的经验，他人对自己的反应，自己与他人的比较意识，特别是童年经历等四个主要方面不自觉地形成的。根据这些，人们心里便形成了“自我意向”。就我们自身而言，一旦某种与自身有关的思想或信念进入这幅“自我肖像”，它就会变成“真实的”。在此之后，我们很少去怀疑其可靠性，只会根据它去活动，就像它的确是真实的一样。

心理学家马尔兹说，人的潜意识就是一部“服务机制”——一个有目标的电脑系统。而人的自我意象，就有如电脑程序直接影响这一机制运作的结果。如果你的自我意象是一个失败的人，你就会不断地在自己内心的“荧光屏”上看到一个垂头丧气、难当大任的自我；听到“我是没出息、没有长进”之类的负面信息；然后感受到沮丧、自卑、无奈与无能——而你在现实生活中便会注定失败。

如果你的自我意象是一个成功人士，你会不断地在你内心的“荧光屏”上见到一个踌躇满志、不断进取，敢于经受挫折和承受强大压力的自我；听到“我做得很好，而我以后会做得更好”之类的鼓舞信息；然后感受到喜悦、自尊、快慰与卓越——而你在现实生活中便会“注定”成功。

在那些偷闲苟安，懒惰愚蠢的人的眼里，世上一切好的位置、有出息的事业都已宣告客满。

我们随时都可以碰到这样的人：他们似乎专门在等待人家去强迫自己工作。他们对于自己所拥有的广博才识与能力毫无所知。他们一点也没估计过自己身体里究竟藏着多少才智与力量，遇到任何事，只知拿出一小部分力量来敷衍。他们似乎情愿永远守在空谷，不肯攀登山巅；他们不愿张开眼来，把广大而宏伟的宇宙看个清楚。他们常常会这样想：“我不预备做一个头等人，只要做一个次等人就够了。我也不妄想获得一个头等的、薪资高的位置，只要有一个次等的位置就很称心了。”这种人真不是一个见识高超的人。其实要做次等人真是容易得很，只要故意不拿头等人所需要的能力就行了。可是他们必须知道，现在社会上最令人感到人满为患而像滞销货一般闲置的，大都是怀这种心理的次等人！

最足以损害我们能力、破坏我们前途的，莫过于和眼前的不幸环境相妥协，以为不幸的环境是理所当然的，而不想去挣脱它的心理。

失败本身并不可怕，可怕和可憎的是失败的思想，认为失败是自己命中注定的人必然会在失败这种信念中虚度一生。

假如你觉得自己的前途无望，感到周围的一切都很黑暗惨

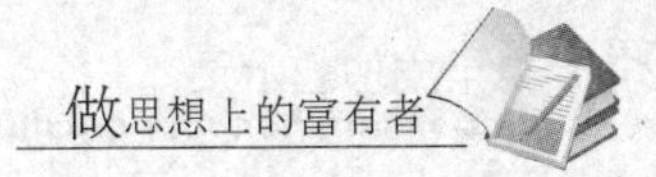

淡，那你就应当立刻转过身来，朝向另一个方向，面向那充满希望与期待的阳光，而将黑暗的阴影遗弃在背后。

如果普天下失败的人，能够从他们的颓丧、不良的环境中挣脱出来，向着光明愉快的方向迈进；如果他们立志摆脱失败，与惨淡的生存方式决裂，那么这种决心一定可以在短时间内就使社会文化焕然一新。

靠有限的资金也能成功

获得财富，这是一个人成功的标志之一。有些人一直以为，我确实做梦也想得到财富，但一无本钱，二无机会，怎能得到财富。你也许还会认为："所有那些关于积极心态和消极心态的问题对于要赚得 100 万元的人说来是极好的。但我对赚 100 万元不感兴趣。"

"当然，我需要安全。我需要足够的财力，以便生活得很好。当我退休的时候，我需要一笔积蓄，以维持我今后的生活。"

"如果我是一个公司的雇员，仅靠薪金生活，我又该怎样办呢?"

现在让我们来看看一个积极心态者应怎么看待这些问题吧：

你也能得到财富。你既能确保经济上的安全，又可得到财富，甚至是足以使你致富的财富。不管怎么说，只要你能让你积极的心态很好地影响你。

奥斯卡先生是靠工资生活的雇员，然而他得到了财富。几年前当他退休时，他说："现在我想要做的事，就是花时间使我的钱为我赚钱。"

奥斯卡先生所用的原则实在是太平凡了，以致它常常不为人所注意。

奥斯卡先生在阅读《巴比伦富翁的秘密》的时候发现，财富是可以获得的，如果你遵循以下几个原则：

1. 从你赚得的每 10 元中节省下 1 元钱；

2. 每 6 个月把你的储蓄和利息或这种储蓄投资时所得的利润拿去投资；

3. 当你投资时，你要听银行家关于安全投资的忠告，这样你就不致因冒险而丧失你的本金。

克里蒙特·斯通告诫我们，在利用以上原则时，你必须注意：

不要求快。求快，就会给自己造成一定的压力，俗话说，"欲速则不达"。凡事都得有个过程，不可求财心切，过于心切就会走偏路。

不可求多。求多，就会使自己无力承担，丧失累积的信心和勇气，反不如一点一滴地慢慢累积好。

要坚持不断。做任何事情都得持之以恒，一旦中断，就会影响累积的效果和意志，功亏一篑。而且这也是对一个人毅力的考验。

“积沙成塔，积水成渊”。干什么事情，只要你一步一步而行，就像雪球越滚越大一样，你一定能够壮大自己。财富的积累也是如此。

很多人的“资产”都是累积来的，一夜暴发只能是一种白日梦。大富豪的钱是累积来的，大将军的战功是累积来的，大学者的学问是累积来的……“累积”是由小而大， 由少到多的必然过程，这一点是无可怀疑的，因此如果你能好好运用滚雪球式的“累积法”，经过一段时间之后，你一定有意想不到的收获。

——克里蒙特·斯通《永不失败的成功定律》

总之，仅仅充满梦想是远远不够的，关键在于，要树立积极的心态；要下功夫去理解和应用那些累积财富的原则，这是你成功的前提。

你要有将自我与生活磨合的准备

不论你把什么样的想法、信念、意见、理论或教条，写在、刻上或印人你的潜意识之中，你都会经历到它们表现在各种客观的环境、情况和事件之中。凡是你在内心世界里写上的，你就会在外在世界中经历到。你的生活有两面：即客观和主观，可见的和不可见的，想法和想法的外在表现。

你的想法由你的头脑来接受，你的潜意识不能争辩。它只会照着你的想法而行动，并以你意识的认定或结论为最后的认定或结论。这就是为什么你的想法会成为你所经历的事的原因。美国哲学家、散文家兼诗人爱默生说：“人是他成天所想的样子。”

美国心理学之父威廉·詹姆斯说，改变世界的力量就在你的潜意识之中。你的潜意识具有无限的智慧与睿智。它充满着隐藏着的源泉，它被称之为生活的定律。不论你把什么事情印入到你的潜意识中，那怕是翻山倒海，它都会把这件事反映出来。因此，你必须把正确观念和建设性的思想，印在它的上面。

这个世界上为什么有那么多灾难和不幸，就是因为人们不了解他们意识和潜意识之间的相互作用。当这两项要素能够协调一致、相互平和，你就会有健康、幸福、快乐、和平和喜悦，而不会再有疾病或争执。

当希腊神话中，掌管道路、科学、发明、口才、幸运的汉密士神的墓被打开时，人们都怀着很大的期望和好奇。因为人人都相信，从古到今的伟大秘密，就存在这座墓中。这个秘密就是："如其内、必其外；如其上，必其下。"

换句话说，不论什么印在潜意识的心智上，必然会表达在外在空间的银幕上。摩西、以赛亚、耶稣、佛祖、老子，以及从古至今所有著名的先知，都曾说过相同性质的真理。只要你的主观感觉是真实而正确的，就会表现成为外在的状况、经历和事件。行为和情绪也必须保持平衡。"如在天堂（你自己的心智），必在世上（你的身体和环境）。"这是伟大的生活定律。

你可以在生活中发现作用和反作用、静止和流动的定律。必须两者平衡之后才有和谐与宁静。你在这世上是要让生活定律，经由你而有节奏、和谐地表现出来。吸收和排出必须相等，印进去和表现出来的也须相等。你所有的挫折、沮丧，都

是因为你的欲望没有实现。

如果你有消极、否定、破坏性、邪恶的想法，这些想法会产生破坏性的情绪，这些破坏性的情绪就是隐藏在你身体内部的活火山，随时都有喷发的可能。

你的一切都表现出你对自己的看法或感觉。你的活力、身体、财务状况、朋友，以及社会地位，也都完全反映出你对自己的看法。凡进入到你潜意识之中的，必然会表现在你生活的各个方面。

如果你的工作或活动不能得心应手，并且受到心的排斥，人家就会说你是“圆孔里的方钉”。在这种不愉快的情况下，不妨改变自己的工作，重新投入到自己喜欢的环境里。

也许换一个工作并不那么容易，这时就应该多做调整来配合自己的个性和能力，使自己快乐。果真如此，你就是“把圆孔变方”。这种方式可使自己的态度由消极变为积极。

如果你能培养炽烈的欲望来这样做，便可以借着新看法和习惯改变原有的。只要有充分的动机，你也可以“把方钉变圆”。不过在改变自己的看法和习惯以前，要先做好梦想与现实冲突的准备。只要愿意付出代价，一定可以获胜。

随遇而安，要比抗拒它容易，你要学会和周围的人相处融洽。

有位伟大的哲学家曾说过：“不只是让你的呼吸和环绕身

边的空气相合而已，而该让你的智慧和周围事物的才智相调和。”

“呼吸”是一种毫不费力的本能，而“思想”则需要耗费心力。我不想进一步去解释这些话，我想表达的是：人应该顺着生命自然的流向而行。了解此中真意的人当能领悟出：自然已经为万事万物的成长和发展，提供了一定的方向和法则。

沉思片刻，你就能了解到我正在告诉你一个久被遗忘的真理——基于相互补偿的互补法则，万事万物便能和谐共存。

——印度粒子物理学家 萨拉姆

灵光一现时，不要回避

人类的一切都不会使我感到陌生——文艺复兴时的代表人物施魏策尔所说的这句话，数百年来仍具有令人振聋发聩的作用。如果你充分相信自己有能力进行任何活动，那么你实际上就能获得成功。

历史上许多伟大的人物诸如富兰克林、贝多芬、达·芬奇、爱因斯坦、伽利略、罗素、萧伯纳、丘吉尔以及许多其他成功者，大多是敢于探索未知的先驱者。其实他们在许多方面与普通人一样平常，惟一的区别是他们敢于走常人不敢走的路，敢于正视自己的灵感并将其实现而已。

伟大的成功者都是单纯的人；某人越是伟大，也就越是单纯；某人越是单纯，也往往越伟大；某种机器越是简单，就越有价值。

当哥伦布坐在海边眺望远方的大海时，他注意到船只向外海驶去时，驶得越远，船身就越向大海沉下去，而且当时正有其他一些“西班牙船”“沉”到大海中。哥伦布注意到，船上桅杆的顶部逐渐沉了下去，再也看不到了。他说：“这就跟锄头的柄一样，如果你绕着锄头柄走一圈，你走得越远，就越往下走。我也可以同样绕地球一圈前往东印度。”怀着这样的想法，哥伦布发现了新大陆。

一个人的情感和理智应该随时随地保持平衡，两者中的任何一个都不应该居于优势。所以，“偶尔”不理会理智的“恐惧”，去做点自己想做的事情也好。

有一件会阻碍我们抓住“现在”的事情，就是我们面对自己的灵感时所感觉到的一种胆怯。新主意找上我们之初，难免会令自己心惊，也许是因为显得太新奇、太不实际。当然，抱着一个新念头迈出脚步是需要一点胆量的，但是取得光辉灿烂成果的通常也正是这种胆量。励志导师拿破仑·希尔曾经说过：

惟一能够限制思想的力量的，将会是你加诸于自己身上的枷锁。

当你心血来潮，有了某些想法时，不要轻易排除它们；因为或许这些在当时显得非常疯狂的构想，过些时候将会被人发现是极有远见的构想。你如果在有关企划或是类似决策小组的部门工作，应该鼓励每位成员尽量地发表不同的构想，在这个阶段不要对这些想法过于苛求或做太详细的分析。每个构想都是好主意，汇集这些构想并参考相关的信息，最后最好的想法将会浮现而可应用于实际状况之中。

——拿破仑·希尔《思考的力量》

要积极尝试新事，就必须摈弃一些会对自己造成压抑的观点：改变现状不如苟且偷安，因为改变将带来许多不稳定的未知因素；或认为自己非常脆弱，经不起摔打，如果涉足于完全陌生的领域，会碰得头破血流等。如果这样，你这一生往往就只能沿固定的轨迹做同样的运动，而毫无变化了。

人们只有用新的眼光重新审视自己，打开心灵的窗户，进行那些自己一向认为力所不及的活动，才能突破习惯的层次，达到成功的新天地！

成功有时需要另辟蹊径

不管你所从事的工作是属于那一类，惟有“创造”才能引起人们的注意。

因为世间充满了无数的追随者、依附者、模仿者，他们喜欢循行老的轨道，喜欢以他人的思想为指针。但是世界上真正需要的，却是那些有创造力，能够离开熟路，闯入新境界的人——那些离开了先例旧方去治病的医师，那些用别出心裁的方法办理讼案的律师，那些把新的理想、新的方法带进教室的教师，那些敢于抛开书本上的陈说而去宣扬他自己所真实体验到的真知的教师。

不要害怕自己会成为“创造者”，不要仅仅做一个人，要做一个新人，一个独立的人。不要试图去抄袭仿效你的祖父、你的父亲、你的邻居，这就好像紫罗兰花想要模仿玫瑰花、菊

花想要效仿向日葵一样的可笑。“自然”给予每种东西以特殊的禀赋，让它有一种特殊的作用。所以每个人都应该以创造的方式，来从事别具一格的工作。假如他想要去仿效别人的工作，其结果一定是不适宜的，是会流产和失败的。

世间每种职业，每种经营，每种业务，都有它可以改进的地方。有创造力的人，永远不怕没人欢迎，不怕无用武之地。这个世界能为有思想、有主张的人留出位子，社会中最有用的分子就是那些有思想、有创造力、有推陈出新的方法和主张的人。

美国一家公司所生产的天然花粉食品“保灵蜜”销路不畅。公司经理绞尽脑汁，如何才能激起消费者对“保灵蜜”的需求热情呢？如何使消费者相信“保灵蜜”对身体大有益处呢？广告宣传，未必奏效，大家已经司空见惯了。

正当公司经理百思而不得其方之时，该公司负责公共关系工作的一位工作人员带来喜讯：总统里根长期吃此食品。

原来，这位公关小姐非常善于结交社会上的名人，她常常从一些名人那里得到一些非常有价值的信息。这一次她从里根总统女儿那里听到了对本企业十分有利的谈话。

据美国总统里根的女儿说：“20 多年来，里根家庭冰箱里的花粉从未间断过，里根喜欢在每天的下午 4 时吃一次天然花粉食品，长期如此。”

后来，该公司公关部的另一位工作人员，又从里根总统的助理那里得来信息：里根总统在健身壮体方面有自己的秘诀，那就是——吃花粉，运动多，睡眠足。

这家“保灵公司”，在得到上述信息并征得里根总统同意后，马上发动了一个全方位的外交攻势，让全美国都知道，美国历史上年纪最大的总统之所以体格健壮，精力充沛，是因为常年服用天然花粉的结果。

于是“保灵蜜”走俏美国市场，出现人人争食“保灵蜜”的状况。

世界上需要那些能够以更新更好的方法做事的人。不要以为，因为你的主张或计划没有先例可循，或者以为你年纪还轻，更事不多，所以不能为人所尊重。凡是能够将新鲜的、有价值的东西贡献给世界的人，不会没有人注意、没有人尊重。有坚强个性的人，敢于实施他自己的思想，开创他自己的主张、方法，不肯亦步亦趋，而且敢于表现他自己的地位的人，最容易为人所赏识。

记住，能够引起领导人或他人注意的，莫过于是做事方法有创造性与独特性，且那种创造性深具效率的人。

对我们每一个人来说，人生应该是一种多彩多姿、渐入佳境的探险。我们人类虽是自然界的产物，但由于具有独特的心灵器官而超越了动物的限度，因而拥有天赋的有力工具，用以创造我们的幸福。

——世界著名的物理学家 爱因斯坦

生命的转弯处——选择一种具有发展性的工作

每个人在生命中都会面临择业这项重要的决定——这项决定将深深地改变你的一生，决定对你的幸福、你的收入、你的健康，可能有深远的影响，它可能造就你，也可能毁灭你。

查理斯·史兹韦伯说：“每个从事他所无限热爱的工作的人，都可以成功。”的确，如果你喜欢你所从事的工作，你工作的时间也许很长，但却丝毫不觉得是在工作，反倒像是游戏。

爱迪生就是一个好例子。这位未曾进过学校的报童，后来却使美国的工业生活完全改观。爱迪生几乎每天在他的实验室里辛苦工作18 个小时，在那里吃饭、睡觉。但他丝毫不以为苦。“我一生中从未做过一天工作，”他宣称，“我每天乐趣无穷。”

但许多人，即使他们有较高的学历，但他们对于想从事哪种工作尚没有一点儿概念，不晓得自己能够做些什么，也不知道希望做些什么。因此，难怪有那么多人在开始时野心勃勃，做着玫瑰色的美梦，但到了40多岁以后，却一事无成，痛苦沮丧，甚至精神崩溃。事实上，许多人花在选购一件穿几年就会破损的衣服上的心思，竟远比选择一件关系将来命运的工作要多得多——而他将来的全部幸福和安宁全都建筑在这件工作上。这真是让人不可思议的事。很多人对于他们的工作并不感到快活，他们对于任何工作都感到讨厌，产生不愉快的感情，他们工作的惟一目的，是赚很多的钱，可以尽早脱离工作，专为自己生活上的享乐去使用。他们更关注的是工作所带来的薪金和福利，而常常忽略了工作本身可供发展的空间。当代著名投资家、畅销书作家罗伯特·T·清崎先生，指出了这种心态的危险性：

有一句古老的格言说，“工作的意义就是‘比破产强一点’。”然而，不幸的是，这句话确实适用于千百万人，因为学校没有把财商看做是一种智慧，大部分工人都“按他们的方式活着”，这些方式就是：干活挣钱，支付账单。

还有另外一种可怕的管理理论这样说：“工人付出最高限度的努力工作以避免被解雇，而雇主提供最低限度的工资以防止工人辞职。”如果你看一看大部分公司的支付额度，你就会明白这一说法确实道出了某种程度的真实。

纯粹的结果是大部分工人从不越雷池一步，他们按照别人

教他们的那样去做：得到一份稳定的工作。大部分工人为工资和短期福利而工作，但从长期来看这样做却常常是灾难性的。

相反，我劝告年轻人在寻找工作时要看看能从中学到什么， 而不是只看能挣到多少。在选择某种特定的职业之前或者在陷入为生计而忙碌工作的“老鼠赛跑”之前，要仔细看看脚下的道路，弄清楚自己到底需要获得什么技能。

一旦人们为支付生活的账单而整天疲于奔命，就和那些蹬着小铁笼子不停转圈的小老鼠一样了。老鼠的小毛腿蹬得飞快，小铁笼也转得飞快，可到了第二天早上醒来，他们发现自己依然困在老鼠笼里。

……

我怀疑，是否工人们只有在看到将来的情形，或者等到下一次付账的时候，才会对自己的未来产生疑问呢?

当我对那些想挣更多钱的成年人演讲时，我总是建议他们对自己的人生要有一个长远的眼光。我承认为了金钱和生活安稳而工作是非常重要的，但我仍然主张去寻找另一份工作，以从中学到另一种技能。我常常提议，如果想学习销售技能的话，最好进入一家拥有连锁营销系统或称为多层次市场的公司。这类公司多半能够提供良好的培训项目，帮助人们克服失败造成的沮丧和恐惧心理，而这种心理往往是导致人们不能取得成功的主要原因。从长远来看，教育比金钱更有价值。

……

但是，为了你们中间那些对于“工作是为了学习新东西”的观点持游移不定态度的人，我还想说出一句话作为鼓励：生活就像我去健身房，最痛苦的事情是做出去锻炼的决定，一旦你过了这一关， 以后的事情就好办了。有很多次，我害怕去健身房，但是只要我去了，我心里就会感到非常愉快。做完了健身练习后我总是非常高兴地对自己说：做运动真好！

——罗伯特·T·清崎《富爸爸，穷爸爸》

大部分人所谓不合宜的工作，全是自己选择错了的。因为他们对于工作，根本没有加以调整。只有心境和感情成熟了的人，才能够支配他们的工作从而感到愉快和欢喜，在工作中找到自身事业的归宿。

人们担心自己的弱点，因此而努力求发展、求优胜。为要增添自身的安全感，我们必须找到自身的兴趣、特长所在，在教育中提升自己。乐在工作的人，他的精神非常愉快，晚上睡得安适甜蜜，因为他在白天每一小时的工作，都有每一小时的满意，他并不妄求至善，他知道天下并没有人能够达到至善的目标。可是他每天愉快而勤恳地工作，他知道虽说达不到至善，但离至善的目标总是越走越近了。他能够在他的工作之中逐渐养成他的自重心、责任心，并且时时求新的发展。在工作上，能够发生这样的兴趣，找到这样意义的人，生活才有价值，那是银行金库里的金钱所买不到的。

行动是思想的生产力

希腊神话告诉我们，智慧女神雅典娜有一天突然从宙斯的头脑中披甲执戈，一跃而出。人们最大的理想、最高的意境、最宏伟的憧憬，像雅典娜一样，也往往是在某一瞬间突然从头脑中很有力地跃出来的结果。凡是应该做的事，拖延而不立刻去做，而想留待将来再做，有这种不良习惯的人总是弱者。凡是有力量、有能耐的人，总是那些能够在对一件事情充满兴趣、充满热忱的时候，就立刻迎头去做的人。

习惯中最为有害的，莫过于拖延的习惯，世间有许多人都是为这种习惯所累，而至造成悲剧。

你应该竭力避免拖延的习惯，就像避免一种罪恶的引诱一样。假使对某件事情，你发觉自己有了拖延的倾向，你应该立刻觉醒，不管那事怎样困难，立刻动手去做。不要畏难，不要偷安。这样久而久之，你自能扑灭那拖延倾向的火苗。应该将“拖延”当做你最可怕的敌人；因为它要盗去你的时间、品格、能力、机会与自由，而使你成为它的奴隶。

要医治拖延的习惯，惟一的方法就是在事务当前时，立刻动手去做。多拖延一分，就足以使那事难做一分。有计划要努力执行，这才能增强我们的品格和力量。有计划不算稀奇，能执行计划并付诸实施才算可贵。在人的一生中，总会有一些机会降临，但却总是一瞬即逝。如果我们当时不抓住它，以后就永远失去了。然而，可悲的是正如下面这个故事所讲的在生命中随意丢弃机会的人却处处常见。

有一天，迈克到机场去购买机票，欲飞往巴黎观光。

由于时间尚早，他便在机场内毫无目的地游逛起来。

突然，有件东西吸引了他。

那是一个与众不同的体重秤，店面挂着一张海报写着：“你的体重与你的未来。”

迈克满腹狐疑地踏上去，从口袋中掏出10美分硬币，放进体重秤内。

“咚！”有张卡片掉了下来。

他拿起卡片一看，上面写着：“你的名字是迈克，体重60公斤；正等待下午2时正的飞机飞往巴黎。”

“不可能的！”

迈克怎么都不相信这个体重秤能预知他的未来。他认为一定有人在捉弄他。

他心中有些愤怒。心想：好，让我也来捉弄一回这个怪物！

于是，他便走进机场的女装店，将自己打扮成一个长发披肩妖艳十足的女性，然后很有信心地走向体重秤。

他心想：这次看你认得出我是谁？

他信心十足地踏上去，掏出硬币放进体重秤内。“咚”一声响后，掉出一张卡片。

他拿起卡片一看，脸上的笑容马上消失了，追悔莫及。

原来，那张卡片上写着：“你的名字还是迈克，体重60公斤；不过，你2时正的飞机已经起飞了！”

很多时候，许多人都一直在寻找机会，以便赚取更多的金钱，享受美好的生活，成为成功人士。但不幸的，每每机会轻敲他的家门时，他们总听不到或不相信那是个机会。一而再、再而三地错失机会，就像迈克不相信那体重秤一样，抱着怀疑的态度，并且花心思去试探它，最终错失了那架飞往目的地的飞机。

心理学家威廉·詹姆斯曾指出：“一个人不是因为习惯而是因优柔寡断以致不能行动，是最糟糕不过了。”

宗教学家比利·山戴说：“犹豫不决是魔鬼最喜欢的工作。”

能够想出具有创意的主意，多半是你真正的自己、你强大的自己在发挥作用。使你退缩不前的一半是你失败主义的自己。在你的内心冲突里，你失败主义的自己常会找出理由证明你必会失败，并且还很容易就找到一些不照着你的主意去做的借口。犹豫不决，使得千百万人走向失败。记住：光是幻想，是不能导致成功的，惟有下定决心并积极采取行动，才能得到自己要追求的东西。

有些人所以不能成就大事，是因为他们没有把行动的力量发挥出来。根据生命的定律，命运的门关闭了，信仰会为你打开另一道门。所以我们应该积极寻找另一道敞开的大门；而在幸运之门前向你招手的，就是“行动”。

生活就像是一次棋赛，坐在你对面的就是“时间”。

不管你是谁，不管是从事何种行业，你都是在和时间下棋。你随时都要移动你自己的棋子。迅速地运用棋子，“时间”将对你有利。如果静止不动，“时间”将会把你从棋盘上除掉。

你不能每一步棋都下得很正确。但是，如果你下了很多步棋，你也许可以获得良好的成绩，说不定可以赢这盘棋。

如果你在今天做出决定，然后明天又变更决定，那么，你注定要失败无疑。如果你不能肯定要向哪一方向前进，最好闭上眼睛，在黑暗中前进，因为这总也比你睁着眼睛，但却毫无

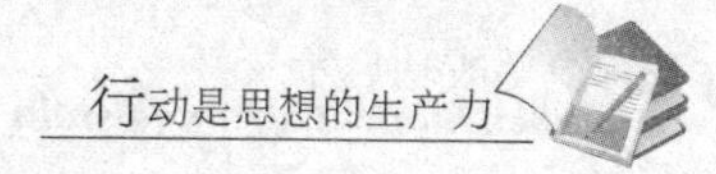

行动好得多。

如果你犯了一个错误，这个世界将会原谅你，但如果你未做任何决定，这个世界将不会原谅你。

——贝塔斯曼监事会主席　赖因哈德·莫恩

专注于一种成功轨迹

从失败到成功，其中的关键在于你必须了解，所有财富和物质的获得，都必须先建立清晰且明确的目标，当目标的追求变成一种执着时，你就会发现你所有的行动都会带领你朝着这个目标迈进。

人们大多不注重事业成功的要素，他们常把事情看得过分简单，不肯集中自己所有的精力去努力，需知经验好比一个雪球，在人生的路上，它永远是越滚越大。任何人都应该把精力集中在某一种事业上，不断工作、不断学习。你所花费的工夫越大，所学得的经验也越多，做起事来也就越觉得容易。

当你以专注一致的潜在力量去面对困难时，即使是杂乱无章、甚为棘手的问题，也必将化解无遗。因为一旦一个人的肉体、感情及精神均集中一致，将形成令人难以抗衡的强大力量。

古希腊大哲学家苏格拉底的学生很多，在开学的第一天，他对学生们说："今天咱们只学一件最简单也是最容易做的事儿。每人把胳膊尽量往前甩，然后再尽量往后甩。"说着，苏格拉底示范做了一遍："从今天开始，每天做300下。大家能做到吗？"

学生们都笑了。这么简单的事，有什么做不到的？过了一个月，苏格拉底问学生们："每天甩手300下，哪些同学坚持了？"有90%的同学骄傲地举起了手。又过了一个月，苏格拉底又问，这回坚持下来的学生只剩下80%。

一年过后，苏格拉底再一次问大家："请告诉我，最简单的甩手运动，还有哪几位同学坚持了？"这时，整个教室里，只有一个人举起了手。这个学生就是后来成为古希腊另一位大哲学家的柏拉图。

人们在潜意识中都有期待至善的心理，简单说来亦即把你的心意完全投入自己想完成的目标中。通常人们之所以会遭遇失败，并不是因为他们没有才干，实在应该归咎于他们不肯集中精力去做适当的工作，他们过于分散自己的精力，而且从未顿悟其实。一位颇富盛名的加拿大籍田径教练埃斯·巴西巴尔曾说过："不论是否是参加比赛的选手，绝大部分的人都显得相当'吝啬'。他们经常保留某些实力，参加比赛时，也吝于使出全力，多半没有百分之百地投入，难怪他们往往无法达成计划中的目标。”

世上最大的损失，莫过于把一个人的精力毫无意义地分散到很多方面的事情上。一个人的能力和精力毕竟有限，要想样样精通，是很难办到的，如果你想成就任何事业，就请一定牢记这条定律。

有经验的花匠，常常要把许多快要开放的花蕾剪去，他们剪去其中绝大部分，可以使所有的养料都集中在剩下的花朵花蕾上，当这些花蕾开放后，便会成为稀有、珍贵而硕大的奇葩。

如果你想成为一个众望所归的领袖，成为一个才识渊博、无人企及的人物，就必须清除所有杂乱无章的念头。如果你想在某一方面取得伟大成就，就得大胆伸开剪刀，把那些微小、平凡、没有把握的希望完全剪去，倾注于一件事上，把那些七零八碎的欲望一一消除，用自己所有的精力集中去培植一个花朵，让它将来结出美丽丰硕的果实。

每个奇迹的开始时总是始于一种伟大的想法。或许没有人知道今天的一个想法将会走多远，但是，我们不要怀疑，只要沉下心来，努力去做，让心中的杂音寂静，你就会听见它们就在不远处，而且伸手可及。

专心致志对待你的生活非常重要。你只要清除心中的一切杂念，清除得干干净净，只需要为这个特殊的日子制定一个计

划，那你就可以对准你的目标向前挺进了。

专心致志是一个非常简单的事情，只是你必须开始行动。有了开头，还要勇于尝试，只有敢于尝试你才算达到真正的专心致志的境界。

专心致志包含勇敢的意思：你要勇于起步和积极地尝试才行。你与你的成功机遇，必须有一种合作感才行。

在行动中完善自我

在人们的工作生涯中想成为一位成功的经营者，或有效率的工作者，固然需要有许多主客观及内外在的条件，但是在目前的社会环境中，有两项条件是要你优先重视及努力去培养的，那就是保持旺盛的工作热忱及脚踏实地的工作态度。

旺盛的工作热忱最简单又实际的做法，就是保持愉快的心情，并积极主动的参与工作，很多工作有兴趣要去做，没兴趣也得去做，那何不高高兴兴的去面对它；有了这种心情，在较固定的工作项目中，便不会觉得单调、烦躁；在较有趣味的工作项目中，也才可能有巧思灵感，如此思路会比较清晰而宽广，团体中必容易产生和谐的气氛，团队精神及效率也就发挥无遗了。

脚踏实地的工作态度就是稳重踏实，不投机取巧，不过分追求短期利益，而且持之以恒在行动中完善自我，在教育普及和日新月异的信息时代，大多数人都具备工作所必需的知识和技术。激烈的竞争中，脚踏实地的工作态度就能使你脱颖而出；尤其在功利取向的社会中，很多人比较短视，为了追求眼前利益，以投机的心理、短视的做法，不当地运用各种技巧，但这无形中同时也牺牲了中长期发展的可能性，破坏了根基和信用。因此他的成功，往往是昙花一现。

伟大的励志导师拿破仑·希尔曾就人们在行动中要不断完善自我做了精辟的阐示：

我们并未有系统地学习有关我们本身与其他有关人的事，但我们也就这样活过来了。这只有归因于人与生俱有的一种能活用生命定律的智慧。只要能学会活用这种生命的定律，你自然就能更有效地去思考与行动。而首先，我们必须相信生命定律这件事。

生命定律最大的力量，就是成长。姑且先不论肉体，使心灵与智慧成长是很重要的，而是否能成长的界线就在于人们是否愿意去尝试。

如果你真的希望过一个充实而有意义、深具创造性的生活，首先就要创造一个能过这种生活的自己。活用方法与信息的，同样也是自己。

——拿破仑·希尔《思考的力量》

把工作目标明确地设定好，审慎选择执行的步骤，逐步踏实地推动，尽力去执行，如有困难，面对问题，诚恳地反省，并迅速地解决，这应该是较为正确的途径。相信以这种心情和态度去工作，成功的脚步会离你越来越近。

聪明地利用他人的力量

胜利代表很多美好、积极的事物，代表实现伟大的目标，获得真正想要的工作，克服不可能的障碍；胜利代表更高的地位，能够影响其他人的行动，在生活的游戏中获得高分。

简单来说，胜利就是成功。

失败是胜利的反面。失败代表消极、可怕的事物；代表在工作上事事不如意，没有足够的钱，只能过着二流生活。失败代表耻辱、失望与令人厌恶。

简单来说，失败就是一事无成。

有一个令人惊讶的事实：在这个富足的时代里，大多数人都是失败者，他们对自己的收入感到不满足，过着沉闷的生活，身心疲惫。他们好像是生活在一个名叫地球的监狱中。

实际上人们不必做一个失败者，任何勤勉奋斗的人都能获胜，而且是获得重大的胜利。

人们的成功不仅决定于自身的所作所为，更取决于他鼓励别人为自己做些什么。

轮船大亨罗伯特·达拉小的时候很喜欢玩沙子。有一天他在他的玩具沙箱里玩耍。沙箱里有他的一些玩具小汽车、敞篷货车、塑料水桶和一把亮闪闪的塑料铲子。在松软的沙堆上修筑公路和隧道时，他在沙箱的中部发现一块巨大的岩石。

小罗伯特开始挖掘岩石周围的沙子，企图把它从泥沙中弄出去。他是个小孩，而岩石却相当巨大。他手脚并用，似乎没有费太大的力气，岩石便被他连推带滚地弄到了沙箱的边缘。不过，这时他才发现，他无法把岩石向上滚动、翻过沙箱边墙。

他下定决心，手推、肩挤、左摇右晃，一次又一次地向岩石发起冲击，可是，每当他刚刚觉得取得了一些进展的时候，岩石便滑脱了，重新掉进沙箱。

他气急了，使出吃奶的力气猛推猛挤。但是，他得到的惟一回报便是岩石再次滚落回来，并砸伤了他的手指。

最后，他伤心地哭起来。整个过程，罗伯特的父亲从起居室的窗户看得一清二楚。当泪珠滚过孩子的脸庞时，父亲来到了跟前。

父亲的话温和而坚定：“儿子，你为什么不用上所有的力量呢？”

垂头丧气的罗伯特抽泣道：“但是我已经用尽全力了，爸爸，我已经尽力了！我用尽了我所有的力量！”

“不对，儿子，”父亲亲切地纠正道，“你并没有用尽你所有的力量。你没有请求我的帮助。”

父亲弯下腰，抱起岩石，将岩石搬出了沙箱。

每个人都有自己不足的方面，你解决不了的问题，对你的部属或其他人而言或许就是轻而易举的，记住，他们也是你的资源和力量。你一定要记住并运用分层负责这个法则。

分层负责就是让别人来协助你获得更多的成就。一家颜料制造公司的经理对分层负责做了这样的说明：“让基层人员来处理问题是正确的，这是因为两个 M 的缘故。”

其中第一个 M 代表金钱（Money）。从金钱的观点来看，公司所有的工作都应该在基层单位完成。

让一个每小时工资 40 元的人去做一个每小时工资 10 元的人所能胜任愉快，甚至做得更好的工作，绝对不符合经济原则。没有实施分层负责，是任何一家公司最大的浪费。坚持每一件工作都要自己做的人，在任何公司里都无法晋升到很高的地位。

第二个 M 代表动机（motivation）。很多经理不了解这一点，但很多属下希望从事上级分配的工作，因为这等于一种称赞，使他们觉得自己更有用处，更被别人需要。分层负责也是一个很好的试验方法，可以测出一个人能够从事哪一层次的工作。

身为一名管理者，你必须深深了解，可以把很多自己一直无法做成的工作，分给别人去做。把工作分配给别人，把你的负担分一些给别人，那么你将以更经济的方式完成工作，同时也使别人觉得自己很重要。

你必须清楚地知道自己需要外界的哪些协助，只有这样，你才能实现自己的愿望。这就如同一块肥沃的土地，虽然土质良好，但如果不浇水，种子一样无法生长。在追寻快乐与物质成就的过程中，足够的关爱与支持会使你从错误中学得经验，不断成熟。如果生命中缺乏这些养料，我们就很容易对过去心存怨愤，从而错失了由错误中学习的机会。

不要幻想一步登天

我们对于新的环境、新的事物，要努力研究，以求达到能够了解的目的；倘是好的、对的，我们便应该吸取、学习；这是最正当最科学的方法，不善吸收与成长的人，他们的生活也往往乏善可陈。

若想获得生活真正的愉快和优胜，只有努力开展自己的见识，努力求知；因为知道的越多，在生活上的帮助也越多越加快乐；同时，对于事物的了解越多，对人类社会越有用，也就越优胜。

凡是能往前看的人，期待将会发生伟大事情的人，他们一定是幸福快乐的人。

速成自信与立即泄气这两个互相冲突的意识，在我们心中继续不断地彼此交战：求全的意愿与自毁的意愿互相对抗。你必须认识你心中存在的消极世界，才可以战胜它。因为成功之果要靠你自己去采摘，而并非就摆在你眼前。

一位雕刻家正在全神贯注地工作，他用手中的刻刀一刀一刀地琢磨一块尚未成形的大理石，一个小男孩好奇地在一旁看着他。

不一会儿，雕像逐渐成形：头部、肩膀、手臂、身躯，接着头发、眼睛、鼻子、嘴巴……，一个美丽的女人出现在面前。

小男孩万分惊讶地问雕刻家："你怎么知道她藏在里边的呢?"

雕刻家哈哈大笑，他告诉孩子："石头里原本什么也没有，只不过是我把我心中的女人用刻刀给搬到这里来了。"

现实中许多大人也会有着与小男孩一样的思维：他们也以为成功的果实就摆在那里，让一些人偶然发现而已，却忘却了要成功，不仅心中要有完整的"美人"，还要用手中的"刀"一下一下地去雕刻。

"一步一步慢慢往前走，不要幻想一步登天。"这就是尝试的含义。这意味着，你要一直坚持下去，直到问题解决为止。找到问题，努力尝试，再找出问题；坚持不懈，最终能战胜失败。

你愿意努力去尝试，而且不止一次地尝试吗？只试一次是绝对不够的。需要多次尝试。那样你会发现自己心中蕴藏着巨大能量。许多人之所以失败只是因为未能竭尽所能去尝试，而这些努力正是成功的必备条件。仔细查看列出的失败清单，仔细反省过去你是否已竭尽所能，像强者那样努力去争取胜利？如果答案是否定的话，你就要变得踏实起来，多试几次，看看结果会是什么。

你若刚刚踏上人生旅途，就会发现人人都自视很高。最平庸的人自视最高。人人都梦想发财并自以为是天才，满怀希望要大展鸿图，但现实却不能使人如愿。对现实的清醒认识是对虚妄的想像的折磨。要明智。怀抱最好的愿望，做最坏的打算，这样才能心平气和地承受任何后果。目标高远并不坏，但不能高不可及。开始一项工作时，调整好你的期望值。缺乏经验时，决断往往出错。明智是疗治各种愚行的万灵药。认清你的活动范围和自身状态，并使你的设想符合现实。

——西班牙哲学家、著名学者 巴尔塔沙·葛拉西安

最优秀的人也并非无懈可击

任何所谓获得幸福生活的“公式”，都注定要失败，因为我们都是平凡的人，无法遵守一成不变的规定，如果硬要我们去遵循“公式”去生活，一定会造成过度紧张。人们都会犯错，我们必须了解这一点，不要自怨自艾。

在汽车工厂的装配线上，一定要求百分之百的精确。机器上的稍一疏忽，就会制造出并不安全的汽车。

人无法按照这种完美的标准去生活，而且也无此必要。尽管我们也有一些缺点，但我们仍然能够生活得很好，甚至很成功。

《圣经》上说：“经过弱点的磨炼，我的力量获得完美的发展。”

请注意“获得完美的发展”这句话并未提到容忍弱点，而只是承认弱点在发展个人力量上所扮演的角色。

美国大诗人及作家山德堡在《永远是年轻的陌生人》一书中谈到了他的艰苦时期：

"我在成长期间，也遭遇到痛苦及寂寞的时刻。我记得有一年冬天，经常想到最好一死了之……"。

"经过那个冬天之后，痛苦和寂寞还是不时萦绕在脑中，但我已经逐渐明白，我一生所认识的哪怕是最有成就的男男女女，尤其是我在书上所读到的那些伟人，他们的生活也并不顺利，生活中经常出现痛苦与寂寞的时刻，就必须经过一番奋斗，才能发展新的心智与力量。"

生活确实是一种艰苦的奋斗，只有善待自己，才能愉快地生存下来。成功就是一种过程——克服一个人的缺点，从荒地走向青翠的绿洲。

一名传记作家写道："爱迪生害羞而内向，但他一谈到一种观念或新发明时，就变得眉飞色舞，甚至滔滔不绝起来。"

一个人能够接受自己的缺点，并且克服这些缺点而获得成功，最典型的一个例子就是美国最伟大的总统林肯。在《活生生的林肯》这本书中，两位作者保罗·安格和迈尔斯谈到林肯和道格拉斯辩论的故事：

"选民看到了两个截然不同的人。虽然道格拉斯的身高只有 1.53 米多一点，但他的肩膀宽阔，胸膛饱满，声音低沉如音乐一般，给人一种坚强有力的感觉。林肯瘦长、全身皮包骨，个性羞怯——站起来足足比他的对手高了30厘米，他在开始演讲时，声音高而尖，充满鼻音，然而等他进入状态后，他的声音就降低下来，使成千的观众听得如痴如醉……。”

“在1859年1月5日，伊利诺州州议会已经证实了秋季的大选结果，使得道格拉斯再度回到美国参议院。在这时候，林肯也忘掉了他的失败，再度埋头执行他的律师业务——一方面是为了弥补他在前6个月所损失的时间以及金钱，另一方面也是为了把失败的记忆自脑中予以消除……。”

“但是林肯再也无法全心全意执行律师业务。他和道格拉斯的辩论，经过报纸的报道，已经传遍全国。6个月之前，林肯的姓名很少被伊利诺州以外的人提到，但是现在已有数以百万计的人知道他的大名。有很多陌生人写信给林肯，就政治问题请教林肯的观点；有的则邀请他前去演讲。尽管他遭遇了失败，却反而使他成为全国性的重要人物了。”

林肯是一位伟大的人物，他的内在力量反而经由他的失败而显现出来——因为他接受了自己的弱点，并且专心于从事手头的工作——因为他相信自己——因为他善待自己。

跟你我一样，林肯只是一个普通人，而且是在后来才成为重要的政治人物的。他对自己遭遇挫折时的处理方式，你也可以办得到——这完全决定于你对自己的评价。也许你无法成为总统，但你至少可以成为一名成功人士。

最优秀的人也并非无懈可击，如果你能坦然接受你的弱点，将可加强你的自我认知度。你只要停止批评你自己，就能强调你个性中“正”的一面，并在自己身上找到喜欢的东西。

以下这些暗示可以帮助你：

⊙了解你的极限。人类都有极限点，不管是肉体上或心理上。这些极限点因人而异，有些人可以承受某种压力，却承受不了其他种类的压力。不要再批评自己的软弱，你要养成承认自己极限的习惯。

⊙尊重你的极限。一旦知道了自己的极限，就要用它来协助你自己。不要逼迫自己超越你的极限，不要为了向别人证明你的成功，就超越自己的极限。

⊙不要硬充“硬汉”。人们不应该认为自己一定要是一名超级成功者的形象。这种所谓的超级成功者其实只是人们想像出来的产物。真实生活中的人们既有失败，也有成功。有时困难和阻碍会接二连三的来，使你绝望得想放声大哭。成功者不能哭，这是荒谬的说法；不要让你自己受制于这种荒谬的想法。

⊙永远真实地对待你自己。没有人喜欢这种朋友：在我们富裕时对我们媚笑；当我们一贫如洗时，他们却逃得无影无踪。对你自己也是一样，如果你羡慕自己的长处，痛恨自己的短处，那么你对自己就很虚伪了。你的自我心像将永远无法获得稳定，你也将永远无法获得幸福。接受你自己的弱点吧。即使你跌到最低处，仍然还有成长的基础。

有句话你一定要注意：不要向自己的弱点让步。

只有接受自己的弱点，然后努力摆脱失败，走向成功，那么你的力量将因此而建立、成长。因为接受弱点，并不是意味着你可以永远退缩在自己的弱点中。

阿尔伯特·胡巴德说："一个人最大的错误就是害怕犯错。"

"寻求稳定"是避免犯错和逃避责任的一种借口，因为多做多错，少做或不做则不错。"发生差错"使得那些苛求完美的人感到无比的恐惧。他从来没有差错，各方面都十全十美，万一有了差错，他心里完美的自我心像就会粉碎，因此变得优柔寡断，犹豫不决。

我们必须了解，根本没有人要求我们百分之百的正确。没有一个棒球选手的打击率是百分之百的，10球能打中3个，就已经不错了。伟大的贝比·鲁斯的全垒打纪录最高，但他被三振出局的记录也最多。

行动、失误、纠正，这是我们做事的必然过程。鱼雷在击中目标之前也会发生一连串的错误，进行一连串的纠正。如果你静立不动，就无法纠正你的方向。你无法改变不存在的事，必须考虑已知的事实，想像向每一个方向运动的结果，然后找出最好的一个去碰碰运气，同时在进行期间随时修正你的方向。

克服“求稳心态”的另一个方法是了解自己的自尊和保护自尊。很多人犹豫不决，是因为惟恐在犯错时伤害了自己的自尊。我们要用有利的方式而非不利的方式去表现自尊。大人物也会犯错，但他们勇于认错；只有小人物才死不认帐。

——英国地质、地理学家　麦奇生

勇于改变自身不当的行为模式

重新构造甚至可以完全改变一个人的生活。你可以通过适当地重新构造，来逐渐而彻底地达到你所希望的状态。

——安东尼·罗宾

汤姆·纳斯克博士和兰迪·里德博士指出：人们经受的许多心灵和精神上的痛苦，就如同把自己的手放在火中烤的感受一样。火烤得你极为痛苦，使你只想把手拿开。但令人奇怪的是，人们常常把手伸进恶习的火焰上烧烤却不能把手抽回来。如果你感到疼这意味着你还应做些什么。你的疼痛可能是你的最强有力的工具。

改变是艰难的。当我们被要求除去那些我们所熟悉的思想和感情时，我们都会本能地加以抗拒，尽管我们也承认自己身

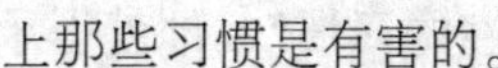

上那些习惯是有害的。

改变不可能很快实现，它必须是一个渐进的过程。如果我们试图在一夜之间变得成功，我们将只会再一次面临失败。改变我们自己以及那些妨碍我们成功的习惯是我们值得庆贺的第一个成功。

大哲学家柏拉图有一次就一件小事毫不留情地训斥了一个小男孩，因为这个小孩总在玩一个很愚蠢的游戏。

小男孩不服气："您为一点鸡毛蒜皮的小事而谴责我。"

"但是，你经常这样做就不是鸡毛蒜皮的小事了。"柏拉图回答说，"你会养成一个终生受害的坏习惯。"

习惯的力量是巨大的，人一旦养成某个习惯，就会不自觉地在这个轨道上运行。如果是好习惯，则会终生受益，要是坏习惯，可能就会在不知不觉中受害终生。

不良的习惯存在于你的心中，所以你要保持心灵忙碌，随时以良好、健康、新鲜、自信的信息来充实心灵。心灵充满积极的气氛，就能取代不良的习惯，同时在你的人格中建立起永远的成功与快乐。换言之，不要在习惯上采取不智的做法，要努力追求成熟与智慧，同时保持心灵的清新，把情绪集中在各种积极的习惯上。

戒除不良习惯最好的方法，是永远不要使它开始。如果你没有抽第一根香烟、喝第一杯酒、说第一次谎，就不会有坏习惯引起的问题了。

一个人心理上“找借口去开始破坏性的习惯”，他就得承受结果。当他认为自己保持一种恶习的理由已经不存在，他就已经从消除恶习中踏出重要的一步。一个人有这种自觉而想建立良好的自我心像，他就没有理由再保持坏的习惯，同时他戒除这种习惯的机会也就相对增加了。

美国伟大的心理学家威廉·詹姆斯曾说过：“正像我们零碎喝了好多酒而变成酒鬼一样，我们也可通过很多零碎的事情和很多小时的工作，而变成权威人物和专家。”他强调戒除任何不良习惯的重要原则是断然戒除，让每一个人都知道你戒除了这个习惯，“永远不要让一次例外发生，这有利于我们培养高尚的道德标准，成为一个不断进步的人！”

成功者拓宽时间的疆域

我们生活在一个由时间统治和限定的社会。我们干多少事，赚多少钱，对文明做多少贡献，很大程度上取决于我们怎样利用每天的 24 小时。成功者是这样一些人，他们能生活在另一层时空里——因此他们的成就远比大多数人多。

R·艾里克·马康奇在他的经典著作《时间陷阱》里，提出“时间是一种独特而永远在失去的资源”的理论：

“它跟钱不一样，时间不能积聚；它也和原料不同，时间不能贮存。不论愿意与否，每分钟 60 秒我们必须用掉。它不像机器可以打开关上，也不像人可以取而代之。时间无可挽回。”

然而，仍有不少人成功地摆脱了时间压力的控制。他们做完了更多的事。他们好像进入了另一个现实世界——通往成功之巅的超级时空之界。一般人生活在70年左右的时间里，而他们却好像在70年里活了2次、3次乃至4次。

对时间认知上，“抉择”两个字非常重要。如果你无法好好安排自己的时间，别人就会替你做决定。能否处理好“时间的运用”和“与谁共处”等问题，就等于决定你未来的命运与成就。

你要仔细地评估以下几件事：

⊙你是否涉入你不应该参与的事件？你是不是在做不必要做的事？你是否为了不相干的人花费太多时间？你是否在进行一项不重要的计划？或根本就是花费时间在与你目标和梦想背道而驰的事物上？

许多人日复一日花费大部分的时间去做一些与他们梦想不相干的事情。不要成为他们中间的一分子！让你生命中的每个日子都值得“计算”，而不要只是“计算”着日子过日子。

⊙是不是还有必须要做的事？是不是已经订立好追求的目标？有没有你相信值得与他们共同努力的人？有没有你应该努力的理想或应该参与的计划？

你现在拥有的时间就是你能够拥有的全部，永远无法再多增加一点。如果你轻易地让他人夺走你的时间，就等于让他们夺去你无法取代的宝物。

根据达尼尔·哈佛的调查，一位典型的成功者每周工作63小时（53小时在办公室，10小时在家）。少数超级成功者每周工作高达 90 至 100 小时，他们往往这样利用自己的时间：

△大约 60%的人参加志愿性活动。他们并非被迫。成功者说，他们平均每周在这方面用去 3.1 个小时——这比一般公众高得多。

应答者中占压倒多数的人都不满足于只追求一种兴趣。他们喜爱各式各样的工作并尽可能尝试手边的各种选择。他们卓越的能力和对时间正确的使用，使他们在工作中和工作之余的诸多领域里都能尝到成功和充实的甘美，而且他们见识的生活情趣越多，他们想要见识的也越多。

△70%的人目前正在读一本书。中上水平的成功者平均每年读书 19 本，每 3 周读 1~9 本小说，10 本非小说。中等水平的成功者一年读书 12 本，6 本小说，6 本非小说。这说明有一半的成功者读书非常之多，这样才使得其平均数远远高过中等水平成功者读书的数量。19%的应答者说，他们每年读书 26 本或更多，大体也是一半是小说，一半非小说。

尽管许多成功者列出各种各样的爱好和家庭活动，作为自己最喜爱的消遣方式，读书却始终是最爱欢迎的消遣方式之一。这不奇怪，读书与成功之间始终有着积极的相互作用。

要想决定人们的成功程度，最重要的因素之一就是看人们如何打发时间，以及人们在下午 5 点到第二天早上 9 点做些什么活动，对于人们在早上 9 点到下午 5 点的工作产生何种直接的影响。

借用富兰克林的话："你爱生命吧？那就不要浪费时间，因为时间构成生命的实质。"

你必须学着去运用这种生命实质，以积极的生命去充实它——不要用沉闷、冷淡，或颓废去填塞它。你不会将你的钱包或记事本丢入垃圾桶吧？那么，又怎能抛弃时间呢？时间也是珍贵的呀！

你必须学习热烈地、积极地去运用时间，加强你真正参与以及享受人生历程的感受。

你可以把你的时间导入令你感到兴奋的每一方面。

你必须明白的是：余暇时间跟工作时间同样重要。你是一个完整的人，不只是一部工作机器而已。因此，你，也只有你，可以使你自己保持完整。

——迈克·佛兰德斯

不要习惯性地拖延生命

有一首著名的诗是这样写的：

“他在月亮下睡觉，

他在太阳下取暖，

他总是说要去做什么，

但什么也没做就死了。”

多纳德·马奎斯称拖延是“依恋昨天的艺术”。实际上拖延同时也是逃避今天的法宝——这就是拖延的作用。

“成功者总在做事，失败者总在许愿”。一个人如果认真考虑过他所负担的责任，那么可以令人信服地说，他会立即采取行动。个人的行动是我们惟一可以有能力支配的东西，这些行动的综合不仅成了人们的习惯而且也成了人们的性格。

在印度曾流传着这样的一句哲语：理论上，土蜂不能飞，它自己不知道，却飞得高高兴兴。

这句短短的哲语，带给人极大的启发，人们可以在这句哲语的激励下，无视一切艰难险阻，“高高兴兴”地为实现自我的理想而努力。

当人们想要屈服现实的状况找台阶下时，不妨想想无视于“理论”的土蜂。任何一个在事业上有成就的人，都不会屈服于任何失败的“理论”。

人们养成了拖延的习惯，常常用一些漂亮的言辞来掩盖。说什么“我正在分析”，可是无数个月过去了，他们还在分析。他们没有意识到，他们正在受到某种被称之为“分析麻痹”的病毒的侵蚀，这样只会使他们越陷越深，永远也不能实现自己的梦想。还有另外一种人形成拖延的习惯是以“我正在准备”做掩护的，一个月过去了，他们仍然在准备，好多个月过去了，他们还没有准备充分。他们没有意识到这样一个严重的问题，他们正在受到某种被称为“借口”的病毒的侵蚀，他们不断为自己制造借口。

请稍微想想凯撒吧！凯撒是在夜里，当其他的罗马军队的成员都在睡觉的时候，他在营帐内的孤灯下写出战役回忆录，然后第二天又出去作战；钢琴大师保罗·威肯斯坦也是在第一次世界大战中失去右手后，只用单手演奏出从高音域到低音域纵横飞跃的“左手钢琴协奏曲”；而贝多芬则是在全聋之后才创造出不朽的音乐；世界上三位伟大的史诗诗人荷马、但丁以及弥尔顿，全都是盲人。

把拖延当作生活方式，只是人们用来逃避生活任务的一贯伎俩。

生活中最可悲的话莫过于："它本来可以这样的"、"人本来应该"、"我本来能够"、"如果当时我……该多好啊"。生命不是开玩笑，从来就没有虚拟语气的说法。人们之所以会把问题搁置在一旁，最主要的原因就在于人们还没有学会对自己的人生负责任，这也是人们后悔时痛苦不堪的原因。

如果我们最大限度地利用此时此刻，善用现在，那么我们就是在自动播种未来的种子。

你要记住，甚至连一滴汗水也不要浪费在拖延之上。

研究、准备是必要的，但总也走不出这种状态和过程则是不对的。许多机会稍纵即逝，时势也总在发生变化，不会静态地耐心等待你准备得十全十美、完全到位。研究、准备工作也要给自己定出一个期限，否则，你就只能永远研究、准备下去，永远出不了手了。

——德国 IASCO 公司总裁　赫德姆

做大事者都是讲求效率的人

成功的目标并不是偶然间就会实现，而是需要不断地行动才能达成——这里指的是有效率的行动。

必须区分工作量和工作效率，因为这是两个完全不同的概念。事前进行周密安排，敢于创造和革新，往往会达到事半功倍的效果，这是成功者的做法；因循守旧、按常规办事、不会动脑筋的人虽然一天到晚忙忙碌碌，但往往是事倍功半。因此，付出同样的工作量，在工作效率上往往有天壤之别。

评介一个人必须看重他的工作效率而不是他的工作量。这正如一个工人工作时间的长短并不能说明什么问题，关键是他有了多少合格的产品。在你的企业里，可能有不少人实在是太忙了，忙得没有时间去思考、去规划，只是不停地忙事务，具体而细微，从不好好总结一下自己的工作经验和教训，也不想

一想工作的成果是什么。他们是在用手做事，而不是用脑做事，是辛辛苦苦的事务主义者。

比别人多工作一小时固然能表示他的努力和勤勉，但减少工作时间而提高工作效率则更可贵；流汗固然值得赞美，但用脑的创造更值得称赞，因为现代企业管理中需要强调的是效率和时间的节约。

看成果而不看工作量可以促使员工用心推敲思考，想方设法地提高自己的效率，用其力不如用其智，这正是企业追求的。只用手不用脑的人等于少了 5 个指头，手脑并用则如猛虎添翼。

你看过关在笼子里的小松鼠不停地踩着轮子跑吗？这只可怜的小动物消耗了全身的力气，不断地“工作”着，但它却仅在原地打转，哪里也去不了。许多人在追求梦想的过程中就像这只可怜的小松鼠一样没有效率。

如何判断行动的本身是有效率或只是瞎忙而已？你可以采用一种很有效的方式来检验：拿出记事本，看看过去 30 天里你曾经做过哪些事。请特别注意所有列出来应该做的事和完成后打勾的事项。然后，你问问自己，已经完成的事情中，有多少对你未来的目标有直接的影响？

如果你的行动很讲效率，你应该会向未来的目标和梦想又跨出了一大步。但如果是无谓的忙碌，你只会感到疲倦，对于未来的目标一点帮助也没有。

当你问自己对于梦想的实现进展如何时，真正做事有效率的人通常都会回答："进行的还不错。"而那些表面上看起很忙碌，但实际上没有效率的人（就像那只关在笼子里的踩着轮子跑的小松鼠一样），多半都是沉默不语。

许多做事不容易失败的人都懂得事半功倍的道理。但有的人却不懂得这个道理。例如，我们办公室的清洁工每天都辛勤工作，这栋大楼的屋主和出租办公室的房东也很辛勤工作，但是他们的成就却不尽相同。如果辛勤工作的本身就足以使人成功，那几乎每一个人都可以成功。

成功不仅仅靠努力得来，我也不愿意给你们这种想法。事实上另外还有两项重要因素：第一是了解成功的规则，第二是注重做事的效率。

有些人努力工作，辛勤不倦地追求梦想，却无法顺利达成目标。那是因为他们不知道成功的游戏规则，反而被命运捉弄而与成功越离越远。

人生有一定的法则，每份工作和生涯的规划也有遵循的规则。不管你把法则称为技巧、定律、程序或原则，他们终归都是人生法则变化而来的。

追求成功的法则之一：做事半功倍的事。尝试从一次努力中得到更大的效率。

——波士顿顾问公司总裁兼首席执行官 卡尔·斯特恩

成功者要善于拓展广泛的人际网络

若你想图一年的幸福，就去种植稻田吧！

若你想图十年的快乐，就去耕植树木吧！

若你想图百年的安逸，就去拓展人际吧！

如何在生涯中建立正确的人际关系发展观念，如何在年度计划里有效地规划出欲开发出的人际新市场，如何在日计划及周计划里排出请旧客户介绍新客户的步骤与程序，并且持之以恒地养成习惯，会是你成为顶尖人物最重要的武器。

人之所以会成功，是因为有朋友帮助，人之所以会成功，是因为他吸收别人的成功经验。

如果你接触是同一群人，你的成长是有限的；如果你能够扩大你的生活圈，你的层次就会大幅度提升；如果你能够尝试新的事情，你就能突破内心种种的困难和障碍。

你必须拓展自己的社交圈，必须接触不同类型的人，因为不同类型的人会带给你不同的刺激，不同的刺激会带给你不同的创意，不同的创意可以让你想出新的点子，能够让你在市场上占更大的优势。这样的话，你成功的机会就会大幅度地提升。

金氏纪录的汽车销售冠军乔·吉拉德曾提及一个人一生当中所结交的朋友大概会有 250 个，如果我们用心去经营这 250 个重要的朋友，每一个朋友会为我们带来 1250 个客户。如果你用心让客户满意，更让他惊喜的话，他会为你带来 10 个客户，则我们的人际王国将倍增至 2500 个客户人数，这已是一个很可观的数目，这将不再是个人主义的奋战，而是通过组织的网络来达到彼此信息与资源的整合。

所谓生意就是互通有无，我没有的你可以提供给我，我有的可以让需要者分享，你没有的我可以帮你找到门路。在中国式的建筑里一定要留有“后门”，这后门包括了两种不同的意义，一是我们对安全感的迫切需要，二是真正有交情的人往往是从后门进到家里来的，我们打心里信任这些从后门进来的人。一层一层的关系，交织着人的人际网络，无论你想要的是什么样的人，顶多通过 4 层到 5 层的关系，一定可以如你所愿的达到。这是人际的魔力，也是要成功必须要开发的潜能之一。你可以利用以下三项技巧拓展你的人际网络。

⊙有自信地表述自己的观点。受压抑的人说话声音明显的细小，表现得自信心不足。尽量提高你的音量，但不必对别人大声喊叫或使用愤怒的声调，只要有意识地使声音比平时稍大就行。

⊙向他人说出你的赞扬。受压抑的人性既害怕表现坏的情感，也害怕表现好的情感。如果他表示爱情，就担心别人说他自作多情；如果表示友谊，又怕被当做阿谀奉承；如果称赞某人，又怕人家把这当做虚伪逢迎，或者怀疑他别有用心。正确的做法应当完全不必考虑这些否定的反馈信号。你不妨每天至少夸奖三个人，如果喜欢某人的行事风格、衣着打扮或举止言谈，你就让他知道。

⊙让你的微笑成为招牌。在培养吸引人的个性时，千万别小看经常保持诚挚微笑的重要性，这种微笑的习惯，对你自己的影响也是很大的。当你生气时试着保持微笑，这个简单的动作，可使人保持冷静，而且还能提醒你时时不忘保持积极的心态。

开拓成功的人际网络，从建立自我形象开始，你必须让自己充满自信、活力，使人乐于和你亲近。

你希望别人如何待你，你就必须先如何待人。好的人际关系，来自于用善待他人的方式，赢得别人的信任和喜爱。卡内基指出："如果你想采集蜂蜜，就别踢翻了蜂巢。只有不够聪明的人才会批评、指责和抱怨别人。"以赞美取代批评，更容易受人欢迎。即使你想要指正别人的错误，用建议的方式比批评更有效。

与人相处的要诀，就是让人感到他受到重视，满足他希望受肯定的感觉。只有真心地关怀他人，才能得到真正的友谊。

在人生的成功路上，需要有“贵人”提拔。成功的人懂得开拓成功的人际关系网络，通过他人的帮助，完成伟大的事业，开创美好的前途。

几乎所有的成功者都有一种与其他人进行联系，同各种背景、各种信仰的人进行接触、发展人际关系的非凡能力。的确，偶尔可能会有某个疯狂的天才发明某种东西，从而改变我们这个世界。但如果这位天才只是把时间全部花在他个人的小圈子里的话，那他只能在某个方面获得成功，而在其他很多方面则会遭受到失败。那些伟大的成功者都具有一种把自己同千百万人结合为一个整体的能力。最伟大的成功不是在世界舞台上，而是在你自己心灵的最深处。每个人都需要同别人建立起持久的、友爱的联系，没有这种联系，任何成功都是虚假的。

先去付出，再谈收获

“付出”一词在多数人看来，具有消极性的意义，因为，他们只知道这个名词一半的意义——投入一些东西作为代价。

这些人并不知道这个名词还有另外一半的意义，那就是“放弃你所喜爱的某些东西，以换取更高的目标，或某些更有价值的事物。”

在了解及应用“付出”这个名词的整体意义之后，我们将会发现更多的喜悦、自我价值，以及获得更多的金钱。

“每个想要成功的人，都应该去打几次老式的唧筒，那会给你很多的启示。”卡耐基如是说。单单抓起手柄就打水的人是打不出水来的。所有打水的人都知道，必须在唧筒上面加一点水来“装填”唧筒，打水时水才会顺利流出。在生命的游戏中，在你得到某种东西之前，也要先放进一些东西。不幸的是，许多人会站在生命的火炬前，说道：“火炬，请给我一点温暖，然后我给你加进一些木材。”

秘书往往会跑到老板那里说：“给我加薪，我就会做得比较好。”推销员时常到老板那里说：“把我升为销售经理，我就很会办事，虽然我一直没有做出什么。不过，一旦让我负责，我就能做得更好。所以请让我当主管，我会做给你看。”学生往往对老师说：“我若把这学期不好的成绩带回家，家人真的会罚我。所以，老师，如果你这学期给我好分数，我答应下学期会努力用功。”可是，事实确是在你期望得到某些东西前，必须放进一些东西才行，你加“进”某些东西，补偿定律就给你一些东西。

你无法从唧筒的外部看出，到底还要再抽两下或 200 下，才有水流出来。在人生的游戏中，你也无法看出，明天到底会不会有重大的突破，或者更长的时间才能办到。

不管你正在做什么，只要热心，不断地做下去， 迟早会有收获的，如果你在这第三个阶段贸然停下来，就无法喝到几乎要从唧筒流出的水了。幸运的是，一旦水流出来，只要再轻轻地压，便能得到你要的水。这也是生命中成功与快乐的故事。

前任通用面粉公司董事长哈里·布利斯曾这样忠告公司的推销员：“忘掉你的推销任务，一心想着你能带给别人什么服务。”他发现人们一旦将思想集中于服务别人，就马上变得更有冲劲，更有力量，更加无法拒绝。说到底，谁能抗拒一个尽心尽力帮助自己解决问题的人呢？

布利斯说："我告诉我们的推销员，如果他们每天早晨开始干活时能够这样想到自己今天要帮助尽可能多的人，而不是要推销尽量多的货，他们就能找到一个跟买家打交道的更容易、更开放的方法，推销的成绩就会更好。谁尽力帮助其他人活得更愉快潇洒，谁就实现了推销术的最高境界。"

一个人的成就大小，大致与他的施予程度成正比。你施予的越多，对别人的帮助越大，别人就会感激你，对你的回报也就越大。人生在世正是要努力体现自身价值，并力争社会的承认。如果你满足了大众的需要，大众也就需要你，从而你也能获得自己想要的。

同样的道理，企业要成功，就不能单纯立足于赚钱，这是目光短浅的做法；而首先要立足于满足大众的需要，别人得益了，自然就会支持你的企业，最终使企业的效益得到增长。

有些人会对我说："我才不要浪费时间做那些没有报酬的事情。我工作，我就应该得到酬劳。我赚的仅够负担我的费用，所以要我做没有酬劳的事实在没什么道理。"

我同意他的话，但同时我必须说明："我认为没有人在做了一件事后，会没有任何收获。"

终究会得到报偿的。

我们终究会因为我们的付出而有所收获。如果我们懒惰、无所事事，我们才会什么也得不到。我们的报酬系于我们付出的努力。

如果你投注心力在实现你的目标和梦想上，你总会有所回报的。这是人生的道理。虽然我无法预知会在何时、以何种形式回报给你，但我可以向你保证，你终会品尝到收成的果实。你投注的时间、精力会导致你的转变，这种转变会表现在某些方面。例如你的行为举止、人格特质等方面，也会逐渐反映到你对自我的认知和价值判断上，这种改变会逐渐扩大到你周围的事物。报酬不一定以物质的形态出现，但它会在你内心起作用，由内流露于外在的种种举止、待人接物上。无论如何，你都会有所收获。

给予，然后会有所获得。吝于付出，就不会有回报，这虽然只是一个简单的原则，却是人生中最基本的道理。

——美国叙述电视网创办人　吉姆·史都瓦

不介意与他人双赢

有了好的东西要跟别人分享，这是赢得友谊，广结人缘的好方法，不要只顾自己。因此，只要有机会，不妨让别人也能受惠。你拉别人一把，也是帮自己的忙。

美国最重要的剧评家之一乔冶·金·纳森，在《生活哲学》里曾经说过，他从来没看过一个在物质生活上十分成功的人，从头到尾都替自己着想的。当然，可以肯定的是一个成功的人绝不会自私到不肯帮助他人，真正的成功者绝不会是一个残忍无情的人。

你不必打击别人，不必踩着别人才能达到你的目标；你不必跟你的朋友、你的生意伙伴耍什么手段；你不必借着伪装、欺瞒等伎俩才能成功。你将会抬头挺胸、光明正大地站稳脚跟。

成功的人关心别人、重视别人。他们看重别人的问题和需要，他们尊敬人性的尊严，跟别人相处时把他们看成人类，而不是自己棋盘上的一个棋子。他们知道人人都是自然之子，是一个独特的个体，值得尊重和敬畏。

心理学有一个事实是："我们对自己的感觉"极易跟"对别人的感觉"一致。一个人对别人更善良时，他一定对自己更善良，如果一个人认为"别人并不重要"，他也就没有多少自尊和自重——因为他自己也是"人类"的一分子，既然他如此考量别人，当然也不知不觉这样考量自己。克服罪恶感最佳的方法是不要苛责别人，不要憎恨别人的错失，将成果与众人分享。当你觉得别人更有价值时，才会展现出更好、更适当的自我心像。

对别人"慈善"是成功的个性，理由是这意味着当事人实事求是。人人都很重要。我们不能长期把他们看成动物、机器或棋子。

一般人都会担心有所匮乏，认为世界如同一块大饼，并非人人得而食之。假如别人多抢走一块， 自己就会吃亏，人生仿佛一场零和游戏。见不得别人好，甚至对至亲好友的成就也会眼红，这都是"匮乏心态"作祟。

抱持这种心态者，甚至冀望与自己有利害关系的人小灾小难不断，疲于应付，无法安心竞争。他们时时不忘与人比较，认定别人的成功等于本身的失败。纵使表面上虚情假意的赞许，内心却妒恨不已，惟独占有能够使他们肯定自己。他们又希望四周环绕的都是惟命是从的人，不同的意见则被他们视为叛逆、异端。

相形之下，豁达的胸襟源自厚实的个人价值观与安全感。由于相信世间有足够的资源，人人得以分享，所以不怕与人共名声、共财富。从而开启无限的可能性，充分发挥创造力，并提供宽广的选择空间。他们认定人际关系的成功并非压倒别人，而是追求对各方都有利的结果。

——安永国际首席执行官 威廉·金斯

成功者活得依然真实

“个性”是种神秘而又吸引人的东西，很容易看出，却不易解释；它不是从外面获得的，而是从内心里表现出来的。

“个性”是一种外在的迹象，象征以自然的影像造成的独特而个别的创造性自我——我们心中神圣的火花，或称之为“真正的自我自由而充分的表达”。

每一个人心里的这种真正的自我都很有磁力，它对于别人确实具有一种有力的冲击和影响力。我们觉得自己接触到一种真而基本的东西，这东西对我们很有帮助。反之，虚假的东西普遍不受欢迎，使人厌恶。

为什么大家都喜欢婴儿？并不是因为婴儿会“做”什么、“知道”什么，或者“有”什么——只因为他“是”什么。每一个婴儿都有“真正的个性”，不做表面文章，没有虚假，没有伪善，他以自己的语言——包括啼哭和呀呀的叫声来表达真正的感觉。他的话都是真实的，没有虚假，出于至诚。他是心理学的格言——“要做你自己”的最佳榜样，他自由自在地表达自己，一点也不压抑。

成功者给人好印象的方法是：不要先盘算再行动，不要故意留给别人好印象，要自然地表现最真实的自我。

任何人都不喜欢态度欺瞒而不坦率的人，做人狡猾而且说话不直截了当，喜欢拐弯抹角的人，是绝对不可靠的。

这种人的问题并非在于他们公然说谎，而在于他们表现出和说谎同性质的行为：他们故意对那些有权知道事实真相的人隐瞒真相，这是一种有损健全人格的卑劣、不诚实的行为。

具有真正健全人格的人，勇于直接和他人说话以及交往，而且即使在对自己不利的情况下，仍然坚守此一习惯。

你应该替乌龟感到悲哀。它们有的活到100多岁，但一生从未离开过它们的壳。它们对此毫无办法。但人类可以利用方法改变自然处境；你可以更了解自己的美德，可以回想令自己感到骄傲的时刻，并重温这个骄傲时刻；你也可以接受自己的缺点，真实、积极地调整对自己的心像。你一旦对自己有了较佳的感觉，就不会吓得不敢跑出你的“乌龟壳”了。

你可曾看过小鸡出生的情景？先是蛋壳破裂，然后小鸡从蛋中走出来，第一次踏入这个世界。

如果你很羞怯，你可以像小鸡一样，从蛋壳中踏出来，进入一个你想像不到的更光明、友善、美好的世界。

在你接受真实的友谊之前，一定要有勇气打破蛋壳，从中踏出来。想要保持真面目，并不是一件容易的事情，但你要向龙虾学习。龙虾在某个成长的阶段，会自行脱掉外面那层具有保护作用的硬壳，因而很容易受到敌人的伤害。这种情形将一直持续到它长出新的外壳为止。生活中的变化是很正常的，每一次变化，总会遭遇到陌生及预料不到的意外事件。不要躲起来，使自己变得更懦弱；相反，要敢于去应付危险的状况，对你未曾见过的事物，要培养出信心来。

一个人除非接受自己，否则就没有真正的成功和快乐可言。世界上最痛苦的可怜人，是那些拼命使自己和别人相信他的假象的人。人们一旦放弃虚伪做作，愿意成为自己时，内心的快慰和满足是无与伦比的。成功来自自我实现，那些拼命模仿“大人物”的人往往徒劳无功；当他愿意放松，“成为自己”时，成功反而自动降临。即使你没能很好地表现自己，但并不表示你“不好”。

我们必须了解自己的过错和缺点，然后才能纠正。

找一个安静的地方坐下来，让你能够专心脱下自己的面具，恢复你原来的真面目——没有伪装与虚假，让思想平静下来，并除掉忧虑，让自己轻松一点。

我们必须接受这个“真我”以及它的缺陷，因为它是我们惟一的工具。失败者排斥他的“真我”，又因为他的“真我”不完美，而憎恨它。他想幻想出一种理想，来代替它，这种理想是完美无缺的。由于维持这种理想要承受很大的精神压力，所以他面对现实世界时，必会遭受一连串的打击和失望。马车虽然不是最好的交通工具，但一辆真正的马车总是比幻想出来的飞机更实际、更有用。

你能够保持你的真面目，而且也应该这样做；因为生活有时候会给你很多机会，而且不会惩罚你或放逐你。有时甚至因为诚实及保持特点而让你受到重大的奖励与鼓舞。

你曾经拿自己和其他人比较吗？你会不会这么说：“如果我能像汤姆那样精于表达该有多好！”或是“如果我能像大卫那么会控制自我就好了。”

如果！如果！这两个字我们每天不晓得要说多少次。这是多么伟大的一个字眼！因为它可以将我们的想像无限延伸，凡是做不到的事都可以拿它来当借口，也可以用来逃避责任。

可是，它也是多么不必要的字眼！毕竟，所有的假设的情况在未实现之前都不算数。

尤其是当你用这两个字来和别人相比较时，明知道自己的个性、嗜好、习惯……都和他人不同，根本不可能成为另一个人，又何苦欺骗自己呢？

你不必老想和别人一样。就做你真实的自己！

尽可能扮演好自己的角色，这才是最重要的。别忘了，每个人都是完整而独立的个体，各人都有特别的优点，要是能按照这些特点尽情发挥，一定成就非凡。

——美国网球健将 威廉姆斯

善于影响他人的神奇魅力

每个人的真正自我都是有磁性的，对别人具有强大的影响力和感染力。通常说某个人“个性很有魅力”，其实是指他没有压抑自我的创造性和具有表现自己的勇气。

每个人自身都蕴藏有无限的潜力，只是未被激发或受到压抑。促使人们按照你的意愿去做事情的第一步，是找出促进他们这样做的原因。

当你知道什么会使他们感动时，你就知道该怎样去感动他们。每一个人都是独特的，我们的喜好不同，我们对事物有不同的看法。千万别误认为，你喜欢什么别人也喜欢什么，你追求什么别人也追求什么。

寻找他们所喜欢、他们所追求的东西。

和别人说他们想听的东西，他们就会感动。只需简单地向他们说明，只要做了你要求他们做的事情之后，他们便可以获得他们想要的东西。

这是个影响他人的巨大诀窍。这意味着用你的话去击中目标。当然，你必须知道目标在哪里。

成功者总是想那些最愉快的事情！以一种最宽厚最至爱的心情对待他人！说最和蔼最有趣的话！以最大的努力放射出快乐，来使你周围的人欢喜！你要用一种神奇的向上精神，将遮蔽心田的黑影驱走，用灿烂的人格之光照耀自己和周围人的生命！

一个能够在一切事情十分不顺利时仍含着笑容的人，要比一个一遇到困难就崩溃的人更易成功。一个能够在一切事情与愿望相悖时仍然微笑的人，显示了他有取得胜利的天资，而这些品质是普通人所不能企及的。

有许多人往往不能在他们的能力范围以内达到成功的目的，就因为他们都是一些颓废思想的俘虏。

忧郁、阴沉、颓废的人，在社会上是占不到一席之地的。没有人愿意跟这种人在一起，每个人见了他，都会敬鬼神而远之。

人们不喜欢那些忧郁、阴沉的人，正像人们不喜欢印象不调和的图画一样。人们会本能地趋向于那些和蔼可亲、趣味盎然的人。我们要使人家喜欢自己，必先使自己成为和蔼可亲与乐于助人的人。

人不应该使自己沦落为感情的奴隶。不应该把全盘的生命计划、重要的生命课题，都去和感情纠缠在一起。无论你周围的事情是怎样不顺利，你也应当努力去支配你的环境，把你自己从不幸之中挣扎出来，你应当背对黑暗，面向光明，阴影自会旁落在你的后面！

大部分人都是自行作孽的人，因为他们时时以颓丧的心情、偏激的情感来破坏、阻碍他们自己的生命历程。一切的事情，全靠我们的勇气，全靠我们对自己的信心，全靠我们自己抱着乐观的态度。然而一般人当事情不顺利时，当他们遭遇不幸或痛苦时，他们往往会任凭颓丧、怀疑、恐惧、失望来主宰他们的精神，以致破坏他们多年经营的事业！更不要说用人格的神奇魅力去影响他人了。

灵魂有其美丽的服饰，即是使人的胸怀光彩照人的那种精神上的潇洒与豪放。并非人人都具备这种胸襟， 皆因胸襟要求慷慨的气度。其首要之举就是即使对敌手也不吝赞美之辞，在行动上甚至更加宽大。当有机会为己复仇，这胸襟之光越加璀灿。它不回避这种情形而是加以利用，将可能的复仇行为转变为出人意料的慷慨义举。驾驭之道，奥妙即在此中；这是政治的高超境界。它从不炫耀它的成功，从不装腔作势，即便其成功凭本事得来，它也懂得怎样不露痕迹。

——西班牙哲学家、著名学者 巴尔塔沙·葛拉西安

成功者不可缺少的自律品质

人的潜在意识无法分辨出乔装出来的情绪和真正的情绪有何不同。当我们表现得积极又有热情，我们就会影响周围的每一个人——包括我们自己。

我们无法控制他人的行为，但是，可以控制自己对这些行为所产生的反应，而且这的确只有我们自己能控制。

一大早，三个牛仔骑马走在小径上。由于忙着寻找放牧失散的牛群，他们三个一直没时间吃饭。天色已晚，其中两个牛仔开始讨论回到镇上时要吃怎样丰盛的大餐。当其中一个牛仔问第三个牛仔是否也饿了时，他只是耸耸肩，并说："不饿。"

他们抵达镇上后，三个人都点了带有大牛排的晚餐。那个说不饿的牛仔非常高兴地一道接一道吃着他面前的每一样食

物，他的朋友提醒他说，一小时前他还说不饿呢！

“那时感到饥饿并不明智，”他回答，“因为没有食物。”

成功者具有良好的自律性也就是良好的自我约束能力。

善为人者能自为，善治人者能自治。古希腊大哲学家苏格拉底终生追求真理，因其言论触怒了政府当局而被捕入狱，被判处死刑。临刑之前，他的朋友和学生替他筹划好了逃跑方案，但苏格拉底断然拒绝了他们的好意。他认为：“我一生中所主张的就是要国民遵守国法。如果国法有不妥当的地方，应该以言论劝请当局来改革，而不是暴力性的反抗。在国法没有改革之前，即使判决错误，我们仍然必须遵守，所以我不能因不合理的制裁，就推翻我过去的主张。”于是他从容地喝下毒酒，为自己的主张捐了身躯。

每个人在生活中都会遭遇到挫败，但是认为自己行的人不轻易屈服，不随便放弃。他们吸取自己内心心智和精神的力量而拒绝被打败。他们知道，就是最困难的情况都可以加以克服，因此他们就去面对困难。

对偶然事件要有高度的警惕性。激情奔放的突发性动作会使谨慎失去平衡，而这正是你有可能栽筋斗的地方。人在狂怒或满足的一瞬间比在心平气和的状态下产生更多的想法。一秒钟的狂暴会使你终生悔恨。工于心计的人为谨慎的人们设下陷阱，就是为了摸清底细并试探对手的思想。为了侦察到秘密，他们必须深入到最伟大的灵魂的深处。那么你的对策呢？控制自己，特别是控制自己突发的冲动。控制自己的冲动同驾驭烈马类似：如果你在马背上表现得睿智的话，那么你就会事事聪明。能够预见危险的人会摸索着找到自己的道路。冲动之下的言语对脱口而出的人也许微不足道，但听话者会衡量它的分量。

——西班牙哲学家、著名学者 巴尔塔沙·葛拉西安

要善于控制自己的情绪

自律要求以你的理性来平衡你的情绪，也就是说在你做出决定之前，你应学习兼顾你的感情和理性，有的时候应该排除所有的情绪，而只接受理性的一面；而有时候你必须接受较多的情绪面，并用理性来做一些修饰——符合中庸之道是非常重要的。

情绪绝对与压力有关，情绪的爆发往往来自于我们无法逃避却又不得不面对的压力，当压力要缓解时，通过情绪我们找到了阻力最小的路。其实若能把压力转换成生命力，有压力时，才会力争上游。

情绪有正负，无好坏。若用好坏来评判情绪，我们很容易落入二元化的价值判断，有更多的争执常因为彼此急于为自己的情绪辩解，进行自我防卫，反而增加彼此的裂痕。若能接受情绪是可以合理的发泄这一事实，尊重并聆听彼此传达到的真正信息，不但情绪可以发泄，也达到了沟通的目的。管理大师彼得·杜拉克曾说：“在多元化社会，已经没有谁对谁错，而是如何解决对与对之间的冲突问题了。”

在多种情绪交织作用下，你要选择对你生命有益的想法或情绪。后悔是每一个要拥抱成功者最需要留意的负面想法，因为它会减损我们的活力与热情。缺乏对自己的情绪控制，是成功的大忌。

愤怒时，不能遏制怒火，使周围的合作者望而却步；消沉时，放纵自己的萎靡，把许多稍纵即逝的机会白白浪费，而自制力则能带来成功与财富。

有一天，拿破仑·希尔在商场里偶尔注意到柜台后的一位年轻小姐正在一一接待一些愤怒而不满的妇女，丝毫未表现出任何憎恶。她脸上带着微笑，指导这些妇女前往合适的部门，她的态度优雅而镇静，拿破仑·希尔对她的自制修养大感惊讶。

站在他背后的是另一个年轻女郎，她在一些纸条上写下一些字，然后把纸条交给站在前面的那位女郎。这些纸条很简要地记下妇女抱怨的内容，但省略了这些妇女原有的尖酸而愤怒的语气。

原来，站在柜台后面，面带微笑聆听顾客抱怨的这位年轻女郎是位聋子。她的助手通过纸条把所有的必要的事实告诉她。

拿破仑·希尔对这种安排十分感兴趣，于是便去访问这家百货公司的经理。他告诉拿破仑·希尔，他之所以挑选一名耳聋的女郎担任公司中最艰难而又最重要的一项工作，主要是因为他一直找不到其他具有足够自制力的人来担任这项工作。而自制力又是保证公司利益的法宝，所以这么安排了。

拿破仑·希尔站在那儿观看了那群排成长队的妇女，并且发现，柜台后面那位年轻女郎脸上亲切的微笑，对这些愤怒的妇女产生了良好的影响。她们来到她面前时，个个像是咆哮怒吼的野狼，但当她们离开时，脸上甚至露出羞怯的神情，因为这位年轻女郎的“自制”已使她们对自己的行为感到渐愧。

任何一名想要成功的人士都不可能为了“自制致财”而使自己变成真正的聋子，但人们有时确实应该戴上“心理耳罩”，这样，有利于情绪控制，使自己的商务活动在更理性的范围内运作。

如果你的情绪出现了问题，你必须先找出问题所在，并借助于内心正面情绪的功效。负面情绪并非毫无益处，从某种角度而言，它实际上有助于心理均衡的重建。举个例子来说明。人生的旅程就像是骑脚踏车，为了保持平衡，人们必须随时调整方向；为了平稳地前进，必须握好把手。排除负面情绪使人们保持身心平衡，而真实的自我就像是脚踏车上的把手，两者都引领人们继续前进。

有些人无法界定负面情绪，有些人则不知道如何排除。以下四种方法可以帮你解决以上的问题。这四种方法具有同样的效力，你可以轮流使用，直到找到最适合你的方式为止。

第一种方法是充分感受这样的情绪，然后转换到另一种负面情绪。

如果你觉得很生气。请花几分钟写下你的感受，然后转换心情，让自己感受另一种负面的情绪。

面对负面的情绪时，有些人只会试图压抑，殊不知处理情绪最有效的方式，就是坦然面对。当人们被某种负面的情绪所困扰时，其实就是在压抑另一种负面情绪。我们不能将所有的问题都归咎于一种情绪，越是压抑某种情绪，就越难以将之抛诸脑后，也越容易受它影响。当我们压抑某一种情绪时，另一种负面情绪便会逐渐成形，问题就会循环往复地出现。

第二种方法是改变想法。如果你觉得非常生气，却不知道自己到底在气什么，请你改变想法。举例而言，如果你生老板的气，而且怒气难消，请问问自己还有什么事情让你生气，同时写下另外一些让你生气的事情。当我们对一件事情发怒，而且怒气一直不消时，这通常表示我们真正气的是另一件事。

第三种方式是改变时间。如果以上两种方式都无法消除你的怒气，请你想想自己以前生气的时候——有时过去的创伤会造成现在的心理障碍。为了解决这样的情绪问题，你必须把时间拉回过去，让自己感受当时的怒气，并想想自己为什么如此

气愤。

第四种方法是转移对象。有时候情绪就是不好，怎么样也快乐不起来。为了改变心境，可以找寻其他目标，体会一下别人的痛苦。

必须学会控制情绪的方法，这是日常生活的一部分。坦然地面对所有的情绪问题，你才能尽情体会生命中成功的喜悦。

你的情绪会给你带来推动力，而这股动力，就是使你将决定转变成具体行动的力量，如果人丧失了希望和信心，那还有什么是值得爱的呢？如果你扼杀了热忱、执着和欲望，而仅有理性时，那理性还会带来什么好处呢？虽然仅有的理性还具备导引方向的功能，但是还有什么好让它导引的呢？

你必须控制并导引你的情绪而非摧毁它；况且摧毁情绪是一件不可能的事情，情绪就像河流一样，你可以筑一道堤防把它挡起来，并在控制和导引力量的作用下排放它，但却不能永远抑制它，否则那道堤防迟早会崩溃，并造成大灾难。

是什么力量使得情绪和理性之间能够达到平衡呢？是意志力或自尊心。自律会教导你使意志力作为理性和情绪的后盾，并强化两者的表现强度。

你的感情和理智都需要一位主宰，而在你的自尊心里就可发现这个主宰，然而只有你在发挥你的自律精神时，自尊心才会扮演好这个角色，如果没有自律，你的理性和感情便会随心所欲地进行战争，战争的结果当然是你会受到严重的伤害。

——美国联合技术公司总裁 乔治·大卫

学会不去抱怨客观因素

没有人能保证生命是公平的，即使有人假设生命本身就是公平的，但这没有用。对于每一个人来说，生命事实上怎样也就表明生命本身是怎样的。

——克劳德·布里斯托尔《信心成就未来》

谁有能力决定你的未来是幸福还是不幸，答案只有一个——你自己。

美国一位相当知名的电视主持人，有一回邀请某位老人在他的节目中接受访问。这位老者在节目中所说的话并非预先准备，也并未事先排演过，但由于他的话内容十分朴实自然、适切得当，因此总会使人为之会心一笑，受到观众的喜爱。当然，这位主持人也不例外，他也因感染了其中温馨的气氛而愉悦不已。

这位主持人禁不住好奇地问老人："你为何会这样幸福呢？你一定有关于创造幸福的神奇秘诀吧！"

"不！不！"老人回答："根本没有什么神奇秘诀，这件事就好比每个人的脸上都有一张嘴一样，是件非常平凡的事。我只是在每天早晨起床时只做一个选择。你们认为我会选择哪一样呢？——我只是选择'幸福'而已。"

这件事乍听起来，也许单纯得令人不敢置信，而这位老人的见解听来也过于浅显。但是，却点出了一个真理，那就是亚伯拉罕·林肯曾说过的："人们如果下定决心要拥有幸福，他就会那么幸福。"换言之，如果你希望变为不幸或失败，那也来自于你自身的选择。世界上再也没有比这个道理更简单的了。

假如你选择的是失败，假如告诉你自己，事情进展得不顺利、没有任何令人满意的事。如此一来，可以肯定你一定会变得"失败"。相反地，如果你常对自己说："事情进行得非常顺利，生活也相当舒适，我选择了成功。"这样一来，你将得到自己所选择的成功与幸福是确确实实的事。

当你不愉快或者受到最强烈的不幸打击时，你能主动去寻求宽慰，让宽慰来减轻你的痛苦，你可以求得别人同情、关心和爱，你还可以亲切地自己安慰自己。但是，你绝对不可抱怨客观因素，为自己寻找借口。

寻找借口的把戏阻止人们去辨别、去思考新思想。新思想、新观念有时难免让人不舒服，因为接受它们就意味着人们要承认自己以前观点的错误。如果你的生活态度和哲学观念使你对人生持一种悲观和恐惧的态度，那么你就不可能相信世界的真善美了。因为你不信任任何人，你总是对人或事物怀有一种畏惧感。因此，每个人都应该相信自己，同时也相信别人。

实际上，你完全可以从自身的角度去研究失败，找出你判断能力、执行能力、管理能力等方面出现的问题，因为事情是你做的，决策是你做的，失败当然也就是你造成的。因此，你大可不必去找很多借口，即使找到借口也不能挽回你的失败。

虽然，有些失败来自于客观因素，逃都逃不过，但你还是不要找这种借口的好，因为找借口会成为一种习惯，让你错过探讨真正失败原因的机会，这对你日后的成功是毫无帮助的。

失败是件痛苦的事，因为这就仿佛自己拿刀割伤自己一样，但不这样做又要如何？人不是要追求成功吗？因此碰到失败，要找出原因来，正如找出身上的病因，才能对症医治一样。

要找出失败的原因并不容易，因为人常会下意识地逃避，因此应双管齐下，自己检讨，也请别人检讨。两相对照比较，差不多就可找出失败的真正原因了，这些原因一定和你的个性、智慧、能力有关。你不必辩白，应该好好看待这些分析，诚实地加以面对，并自我修正。如果能这么做，那你就不会再犯同样的错误，并且成功的比较快。

总是抱怨客观因素，为失败找借口的人除了无助于自己的成长外，也会造成别人对你能力的不信任。

失败并不可怕，怕的是身临失败之境却毫无意识，毫不反省，这才是一种人生的悲哀！

那些已经培养出坚韧的个性、从不抱怨的人，等于已经获得了不会失败的保证。不管他们曾经失败多少次，最后总会攀上成功的最高峰。有时候，似乎总有一个看不见的主宰存在，他的任务就是以所有各种不同的沮丧经验来考验人们。对那些在失败后自行站起来，并且不断向前努力的人，全世界的人都会在旁欢呼说："太好了！我知道你一定能够成功！"这个无形的领导绝对不让通不过毅力考验的人享受重大的成就。那些不愿接受考验的人，更没有成功的机会。

能够接受这项考验的人，将因为他们的毅力而受到优厚的奖励。不管他们追求的是什么目标，他们都将获得这些目标，这也是他们应得的报酬。并不仅如此而已，他们还得到了绝对比物质报酬更为重要的报酬。

——美国安达信公司全球主管　詹姆斯·瓦迪亚

抱团赢世界

领导模式的显著转变引进了更多协同的贡献。以团体为基础的领导方式，也正是工作形态改变的直接效应。因为我们正处于一个信息爆炸的时代，个人绝无法拥有足以找到所有适当方法的聪明才智，然后单独行动；这也绝不只是一个追求合作工作习性的渴求，而是人们对彼此实则互相需要。

此一惊人的知识宝库的扩张与伴随而来的相互依赖，实为一种必然。一方面技术发展造就个人可能完成某一种难以想像的工作；同时几乎是同样的技术，也使得我们可能而且常常需要与其他人进行合作，然后通过分工与集体创意，把我们的本身与他人的努力加总起来完成任务，当共同工作逐渐变成一种必需时，合作精神就显得更重要了。

在大自然中有许多合作精神的典范，成群结队的飞雁永远跟从领袖，直到领袖由V队形的顶端回到自己的位置，此时自会有另一只雁取代它的位置，而不会影响队形。夏日甘霖为绿油油的植物带来生机；潮水后退，露出食物供海鸥取食；树叶落在大树之旁，慢慢腐化，供给树木充足的养分。你可以在这些大自然合作的例子里学到合作精神，运用在工作上。你所做的一切都可能成为整个组织不可或缺的一部分，你所做的一切都会影响同事，以有利的方式塑造他们。

不久之前，赛跑界的精英都是美国名将，他们曾经一再地打破世界纪录，也赢得大大小小的比赛。然而其他国家的赛跑选手——尤其是肯尼亚选手，逐渐迎头赶上，在一些最有分量的比赛中崭露头角。例如德国女将毕皮格已经连续3届赢得众所瞩目的波士顿马拉松赛女子冠军；肯尼亚的男子选手在波士顿马拉松赛上也频传佳音。

对此，美国选手对奖牌奖金被外国选手抢得而发出不平之鸣，尤其是在美国本土举行的比赛，使得有些比赛另外针对美国选手设奖。不过有些选手研究了美国和肯尼亚选手练跑的方式之后，发现其间有极大的差异。美国选手总是单独训练，并且为自己个人而跑，而肯尼亚选手则是整队整组一起训练，一起赛跑，他们通常会选择一名选手当领跑者，在比赛一开始就领导全队（包括最后获胜的选手）保持领先的速度，一直到比赛终了。肯尼亚的选手轮流为队友领跑，也轮流做最后获胜的选手，他们的目标是，只要有一名肯尼亚选手获胜，那么全队就赢了。

没有只靠自己就能成功的人，任何成功者都得站在别人的肩膀上。我们都需要帮助，我们都得从最低层借助别人之手起家，并对无数的人心存感激。正是他们花费宝贵的时间鼓励、教导我们，为我们敲开机遇的大门。在我们需要时，不辞辛劳地从底下把我们托起。当然，你必须有足够的勇气，伸出手并爬上他们的肩膀，尽管有时他们看起来摇摇晃晃；你必须同时接纳赞扬和批评，因为两者都是你的成长养料；还必须不断地与合适的人在合适的环境中，磨炼自己，提高自己的技能。

成功的领导者像一个成功的教练一样，培养、训练所属的成员，鼓励他们积极参与、发表意见、尝试创新，促成团队的整体合作、互动无间。

领导者尊重每位成员，了解他们的优点、特长、个性和才能，激发他们，使他们充分发挥其能力，并以团体的目标为目标，以团队的成败为成败。

一个好的团队，要像打棒球一样，进可攻，退可守。在攻击的时候，人人都要奋力打击，尽全力打出安打、全磊打，必要时配合教练指示打出“牺牲打”。在防守的时候，每个人都要守好自己的位置， 同时视球的落点变化，随时灵活补位，使得防守密而不漏。

工作就如打球。要达成目标与别人竞争，就和打球要获胜一样，必须人人在自己本位上尽其全力，独当一面， 同时要和其他成员充分合作，协调沟通。成功的领导必须促成团队合作，发挥群策群力、众志成城的力量。

——美国棒球选手 苏祖基

各得其位，各行其职

《富贵成习》一书的作者比尔·伯恩说：“成功反映了组织领导人的素质。”的确，一个成功的领导者，他的风格、经营理念、领导方式会影响一个团队的成败。

成功的领导者必须具有远见，能够清楚地描绘未来发展的蓝图，吸引并带领其他成员，为相同的目标努力和奋斗。

一个成功者就是能够充分发展其意识思想的人，因此他能够拥有他所希望的任何东西，或同等价值的事物，而不致于侵犯到其他人的权益，与此同时他也十分善于知人善任。

领导者只有尊重人才、重视人才，才能吸引人才。“良禽择木而栖”，好的人才需要好的环境来充分发展，更要得到好的领导者的赏识和任用。

发展成功领导，通过别人的帮忙，运用集体的智慧，才能成就伟大的事业。

有些老板总是抱怨自己要操心公司的所有事情，抱怨公司里能人太少，他恨不得部下个个都精明强干，独当一面。这种想法是不切实际的。假如公司里的每一个人都才华横溢，做老板的指挥起来恐怕也十分困难。其实每个人都有他的长处，如果你能很好地掌握他们的特点，把他们放到最能发挥其作用的位置上，你的公司就会成为一个强劲有力的集体。

在第一次世界大战期间，一家芝加哥的报纸刊登了几篇社论，其中有一篇社论称享利·福特是“一个无知的和平主义者”。福特先生不满这种指责，于是向法院控告这家报纸毁谤他的名誉。当这个案子在法院审理时，这家报纸的律师要求福特先生坐上证人席，并企图向陪审团证明，福特先生确实是很无知的。这位律师问了福特先生很多问题，这些问题都是想要证明：福特虽然也许拥有很多有关于制造汽车方面的专业知识，但一般而言，他却是很无知的人。

福特先生被问到了像下面的这样的很多问题：

“班尼迪特·阿诺德是何许人？”以及“在1776年，英国派了多少士兵前往美洲镇压叛乱？”

对于后面这个问题，福特先生回答说：“我不知道英国究竟派出多少名士兵，但我听说，派出去的士兵比后来生还回国的士兵人数多出很多。”

后来，福特先生对这种问题感到很厌烦，在回答一个特别具有攻击性的问题时，他倾身向前，用手指着向他提出问题的这位律师，说道："如果我真的想回答你刚刚提出的这个愚蠢的问题，或是你前面提出的任何其他问题，且让我提醒你，在我办公桌上有一排按钮，只要我按下其中一个按钮，就马上有人前来回答我提出的问题。所以，能否请你告诉我，我身边既然有那么多的专家能够把我所需要的任何知识提供给我，那么，我为什么还要在我脑中塞进那么多的一般知识？"

这种回答当然是很合乎逻辑的，这个答案也使律师哑口无言。法庭上的每个人也明白，这是一个成功者的答案，而不是一个无知者所能提出的答案。任何人只要知道他在需要某种知识时，可从何处取得这种知识，以及如何把知识组织成明确的行动计划，那么，他肯定是个成功的人。

亨利·福特在他的"智囊团"的协助下，掌握了他所需要的全部专业知识，使他得以成为美国最富有的人物之一。

中国有句古语："得士者昌，失士者亡"，又说，"得才兴邦，得才兴业"。有些领导者，本身并没有什么高超的本领，但因为能够在下属中拥有杰出的人才，从而能够成就一代伟业。

在当今世界，"人才是最重要的资本"已成为国际经济活动中被普遍承认的价值观念。

一个公司正像一个小分队，也是由各色各样的人组成，每个人都有自己擅长的一面。身为老板，你就要做到对部下的特点、能力，甚至每个人的性格了如指掌，把他们安排到最适当的位置上，使员工内在的潜力得到充分的发挥。惟有如此，你的公司才可能会胜人一筹。

不要回避比你优秀的人

我们大部分的成就，总会蒙受他人之赐。他人常能在无形之中把希望、鼓励与帮助投射到我们的生命之中，常在精神上激励我们，使我们的各种机能更加锐利。

我们生命的成长，都仰赖心灵从四处吸收的营养。而这种营养，我们官能的感觉是无法觉察、不能测量的。我们从朋友处吸取“力量”，而这种力量的吸取，并不取决于我们官能的视觉与听觉的神经。

没有人能够过着一种绝对孤独的生活。个人是人类“大动脉”中的丝丝微血管，个人从大动脉中吸入“人类心脏”所流出的血液。一旦他和该大动脉脱离，他立刻便会枯萎死亡。不管他怎样努力“独善其身”，其结果总要归于失败。

枝头上果实累累，液汁甜蜜，色香精美，都是因为从树干上吸收营养所致。树枝本身是不能生存的。把树枝从树干上砍下，其结果一定是树枝的萎黄与枯死。同样，一个人的力量也是从“人类心脏”、“人类树干”中得来的。

一个人从别人那里所摄取的能量越大，品质越好，种类越多，那他个人的力量就越大。假使一个人在社交上、精神上和道德上与他的同辈有多方面的接触，那他一定是个有力量的人。反之，假如他与其他人断绝一切关系，那他一定会成为一个孤独的弱者。

试着常和那些比你优越的人交往，这并不是说，你应当去和比你更有钱的人交往，而是说你应当和那些能力、品行、学问、道德都胜过你的人交往，使你能尽量吸收到各种对你生命有益的东西。这样可以提高你自己的理想，激励你更趋向于高尚，激发你更大的进取心。

脑海与脑海之间，心灵与心灵之间，有一种超然的“感应”力量。这种感应力量虽无法测量，然而它的刺激力、它的破坏力及建设力是十分伟大的。假如你常和比你低下的人混在一起，那他们一定会把你拖下去，使你的理想趋于卑微。

错过与比我们高明的人结交的机会，实在是一种很大的不幸，因为我们常能从这种人身上得到许多益处。只有在这种“交接”中，我们生命中那粗糙的部分才会被削平，才可以将我们琢磨成器。与一个能够启发我们生命中最美善部分的人结交的机会，其价值要远大于发财获利的机会。它能使我们的力量扩增百倍，能使我们去发展自己高贵的品格。

大卫·奥格维是奥美广告公司的创办人，他在每一位主管的桌上，都放着一个俄罗斯娃娃。

大卫·奥格维告诉公司的主管："那就是你，打开看看吧。"

当主管们打开娃娃的时候，在娃娃内部还有另外一个娃娃，把这个小一点的娃娃打开，里面是一个更小的娃娃。

他们在最小的娃娃里发现一张字条，上面写着：

"当你们雇用比你小的人才时，我们就变成一个都是侏儒的公司。当你们雇用比你们大的人才时，我们就变成一个巨人的公司。"

这里所讲的小，不是指身材，而是指他所呈现出来的能力。如果环境不当，巨人会成为侏儒，就好像英雄无用武之地一样。如果环境适合，侏儒会蜕变成巨人，会影响整个社会与世界。

常能和比自己优秀的人相互交往的人，仿佛永远处在发现的航程中，常能发现自己生命中有新的力量之岛。对于这一"力量之岛"，要是他不常和别人接触，是会被永远埋没而不见的。

只要他愿意花些精力，凡是他所接触的优秀人物，都能告诉他若干的成功心得。这些独到的成功心得足以辅助他的前程，丰富他的生命。没有人能独自一人就实现他自己。别人才是他的发现与辅助者!

人身体里的血液,时刻在更新, 因此身体健康活泼。同样,从事商业的人,应该时常往自己头脑中灌输新颖的思想,获得改进的方法。这样,他的事业才能一天一天地发展。

只有才能出众的人,才会领悟到不断改变自己的价值,用客观的态度,去观察别人的优点,考察自己的缺陷,力求改进。

要激发成员发挥潜能

要想发挥你对别人的影响力，要想别人热烈支持你，说服别人和你合作，你必须鼓励他们，而不是打击他们。

不管是从心理上、精神上，或任何方面来说，都没有任何证据——绝对没有——证明一个人在遭到打击、羞辱或威胁之后，反而会更有生产力、更幸福或有任何更好的表现。

然而在我们的环境中，我们却见到很多领导者以斥责的方式——不是说明——来影响别人，或是以嘲笑——而不是称赞——来影响别人。我们常常看到经理斥责打字小姐，商店领班责骂店员，教师嘲笑学生愚蠢，做家长的因小事而斥责他们的孩子。

然后办公室的经理很惊讶地发现打字小姐犯了重大的错误，领班则无法了解属下的流动率为什么这么大，教师也不知道学生的表现为什么如此差，做父母的则会因孩子离家出走而大吃一惊。

在管理良好的机构里，所有的人都是重要的，而且大家一律平等。在聪明的经理眼中，他部门所有的人员都很重要，不管他们担任的是哪一类的工作，他们都是同一团体的一分子，只是担任不同的职位而已。

华尔连锁商店是美国第四大零售店，该公司年销售额从4500万美元增加到16亿美元，连锁店店面从18家扩展到330家。公司创办人华顿是华尔连锁商店庞大网络取得成功的幕后决策人。他的成功秘诀只有一句话：“我们关怀我们的员工。”

华顿从1962年起，每年都要访视每个连锁店，在他的带动下，公司的经理们把大多数时间都花在11个州的华尔连锁店里，经理办公室实际上空无一人，办公总部简直像个无人仓库。华顿常说：“最重要的是走进店里听同事们说话。让大家都参与工作相当重要，我们最棒的主意都出自职员。”华顿把公司的员工一律称为“同事”。

有一次，华顿连续几周失眠，于是他起床，到一家通宵营业的面包店买了4打甜圈饼。清晨2点半，他带着甜圈饼到批货中心去，在批货中心，他站在货运甲板上和工人聊天，并根据那里的工作条件决定安装两个淋浴棚子。对此，员工们都体会到老板对他们的深切关怀。

还有一次，华顿乘飞机到得克萨斯州的蒙特皮雷森镇，停机之后，他告诉飞机驾驶员到 160 公里之外的路上等他，然后他挥手拦住辆华尔连锁店的卡车，乘卡车来完成这 160 公里的行程，同卡车司机一路聊天到目的地。

华尔连锁店的每名员工都感到自己颇有成就。每星期六上午必召开例行管理会议。每月工作成绩突出的人员会获得一枚徽章，每周会有几个店面荣登“荣誉榜”。华顿会站起来大吼：“谁是全国第一家？”当然，每个人都吼着回答：“华尔连锁店！”

华尔公司注重人性，关心员工，激发所有成员的潜能。创造让人开心、自尊自信、积极参与的环境，结果是老板投之以桃，员工报之以李，公司员工都养成了高度的奉献精神，整个公司因而受益。

每个人都有一种欲望，即需要感觉到自己的重要，以及别人对他的需要与感激。这是普通人自我意识的核心。如果你能满足别人心中的这一欲望，他们就会对自己，也对你抱积极的态度。一种双方共同发展的良好局面就会形成。

在一个企业内部要形成坦诚相待的风气。这样，雇员们会相互激发出更多的真知灼见，加深相互的友谊和团结。为使雇员在创造性方面互相给予最大的、持久的支持，经营管理者要主动探索新的组织形式。鼓励雇员敞开心扉接受新思想和新经验。

了解每个雇员的特点。尊重他们自身的价值观。分派工作要尽量顾及每个参加者的实际兴趣。要根据与每个雇员的自信心和成就感密切相关的激励因素来制定策略，采取行动。

竭力在雇员中提倡负责的品格和“成熟性”。成熟性的体现是：积极向上，自我管理，处事灵活，注重行动，紧追目标。要防止引发雇员相反的品质：不成熟和依赖性。在使人感到被动和压抑的企业环境中，向常规挑战的人得不到支持，而那些谨小慎微、安于现状的怕冒风险的人却受到了赏识。

公司提供的工作和任务要能促进雇员的个性发展，能给他们带来事业上的成就感，满足他们实现自我价值的愿望。指派的工作和项目的难度可以稍稍超出从事者的能力，使之具有挑战性。任务的形式和构成要让人觉得似曾相识，使人感到过去曾享有的快乐会再次降临，这就使新的创造有了可靠的基础。

允许自由活动、鼓励思想开放。从封闭系统走向开放系统会使权势关系转化为共同关系，而在共同关系中创造性和协作精神得以最大程度地发挥。

——美国 21BA 设计公司总裁 梭罗·凡史杰

时刻警惕"踢猫效应"

天下只有一个方法使任何人做任何事。你想到过那种方法吗？是的，只有一个方法就是使别人情愿做那件事。

记着，没有别的方法。

当然你可以将一块砖头对着一个人的脑袋，使他被迫把他的表给你。你可用恐吓解雇的方法，使一个雇员与你合作。你可用鞭打或恐吓，使一个孩子做你所要他做的事。但这些粗笨的方法都有极端不利的反应。

心理学上有个规则叫"不要踢猫"。就是不要对无辜者发泄你的攻击性。这条规则起源于这样一个故事：公司经理有天正在气头上，恰好办公室主任进来请示工作，他就满面怒容地将办公室主任斥责一番。办公室主任莫名其妙地被经理斥责了，正在气头上，秘书这时又来汇报工作，办公室主任就怒气冲冲地将秘书训了一顿。秘书无缘无故地被主任训了，心中愤愤不平，出到门口，发现她的男朋友来接她，劈头盖脸就将他骂了个饱。她的男朋友高兴而来，扫兴而去，走到街上，怒火难耐，遇到一只猫，就一脚踢过去……

任何愚人都能批评、惩责、抱怨他人，而且大多数愚人就是这样做的。但要理解与宽恕就需要品格与克己了。加莱尔说："一个伟大的人显示他的伟大，在于他怎样对待卑小的人。"

要警惕"踢猫"效应，不要惩责人，我们要理解他们。我们要研究出来，为什么他们行所行的事，那会比批评有益有趣得多；而且这样能产生同情、容忍及仁慈。"什么都知道，就什么都宽恕。"

假如一个好工人却变成粗制滥造的工人，你会怎么做？你可以解雇他，但这并不能解决任何问题。你可以责骂他，但这通常只能引起怨怒。

亨利·韩克是印地安那州洛威一家卡车经销商的服务经理，他公司有一个工人，工作业绩每况愈下。但亨利·韩克没有对他吼叫或威胁他，而是把他叫到办公室，跟他坦诚地谈了一番。

他说："比尔，你是个很棒的技工。你在这条线上工作也有好几年了，你修的车子也都很令顾客满意。其实，有很多人都赞美你的技术好。可是最近，你完成一件工作所需的时间却加长了，而且你的质量也比不上你以前的水准。你以前真是个杰出的技工。我想你一定知道我对这种情况不太满意。也许我们可以一起来想个办法来解决这个问题。”

比尔回答说他并不知道他没有尽好他的职责，并且向他的上司保证，他所接的工作并未超出他的专长之外，他以后一定会改进。

他做到了没有？你可以肯定他做到了。他曾经是一个快速优秀的技工。有了韩克先生给他的那个美誉的激励，他怎么会做些比不上过去的事。

总之，你若要在某一方面去改变一个人，就要把他看成他已然有了这种杰出的特质。莎翁曾说：“假如你没有一种德行，就假装你有吧！”更好的是，公开的假设或宣称他已有了你希望他有的那种德行。给他们一个好的名声来作为努力方向，他们就会痛改前非、努力向上，而不愿看到你的希望破灭。

一些比较情绪化的经理人，时常把个人的喜怒哀乐等感情带到工作里，对待职员一会是灼热阳光，一会是阴风冷雨，一会是春风吹拂，一会是漫天霜雪。

平白无故地给职员的工作情绪增加压力，把本来属于经理人自己承担的来自生活、工作的压力推卸到职员身上，久而久之，职员便会将对工作的注意力集中到经理人身上，看经理人的脸色行事，讨好经理人，或者对经理人平白无故的责难产生对立情绪，处处针锋相对，那将严重妨碍企业的正常发展。

林肯曾说：“人人都喜欢恭维。”詹姆斯说：“人类天性的至深本质就是渴求为人所重视。”你且注意，他不说“愿意”或“欲望”或“渴望”为人所重视，他说“渴求”为人所重视。

世界上多少悲剧，多少恐怖， 皆为人与人之间不能容忍而发生，这恐怖和悲剧，虽是大文豪也不能描写其万一。不能容忍，实和愚昧同一意义，而且这种愚昧，还是野蛮人和暴徒的愚昧：因为他们对于世间的事物认识不清， 由隔膜而误会，由误会而发怒。法国人有句话说：“能够了解一切事物，便能宽恕一切事物。”所以我们如果要做一个文明的人，便非得首先了解世间的事物不可。

——西班牙哲学家、著名学者 巴尔塔沙·葛拉西安

不妨从对方观点考虑问题

每一个人都有钢铁般的习性影响我们，让我们容易对人、事、物抱主观态度，并坚持己见、不愿妥协！其实真正的问题，可能只是角度不同而已！

你只要保持一种积极的趋向，尝试按着对方的观点去想，从他人的立场看事一如从你自己的一样，这会对你终身事业有很大益助。

即使对方或许完全错误，但他也可能自认完全正确。此时，你不要责备他，任何愚人都能那样做。要了解他，只有聪明、宽容的人，才那样做。

为什么对方要那样思想那样行动，这必有一个理由。探寻出那隐藏着的理由来，你就得到他行动的或人格的钥匙了。要试着把自己放在他的地位，你才能一窥事物的全貌。

一家公司的秘书小姐穿了一双新鞋来上班，一位男同事看到的是一双白鞋，另一位看到则是一双红鞋。

中午吃饭时，这两位男同事谈到女同事穿了一双新鞋，他们都坚持自己所看到的颜色是对的，对方一定是眼花看错了。

回到办公室，这两位男同事一定要找这位女秘书评断。

当看到女秘书的新鞋后，两个男人不觉哑然失笑，因为他们都只看到了一半，那双鞋有一半是红的，另一半是白的！

当我们的角度不同时，我们对同一件事就会有不同的看法！换个角度看事情，便是打开执着妄想的心，便是拥有丰富且灵活在的习惯领域。不让自己受执着的困惑，便能够了解万物、欣赏及认同世间一切，这是人生最大快乐的泉源！

因为不执着，我们会增加沟通的机会。

因为不执着，我们会减少很多的争执。

因为不执着，我们懂得包容与接受。

因为不执着，请相信别人很可能是对的。

假如你对自己说："如果我在他的困难中，我将如何感觉，如何反应?"你就可省去许多时间与烦恼，因为"对原因发生兴趣，我们不容易厌恶结果。"而此外你可以增加许多人际关系上的技艺。

"停1分钟，"古德在他的《如何将人变成黄金》一书中说，"停1分钟，将你对你自己的事的敏锐兴趣，与对别的事的轻微关心做一比较。然后就明了，世界上除了你以外的一切

人所感觉的也正是这样！以后，同林肯、罗斯福一样，你就会抓住，除牢狱长以外的任何工作的坚固基础。换言之，人际关系的成功，依赖以同情之心把握别人的观点。”

我们要试着以他人的眼光来看他们的世界而不是以我们的眼光来看他们的世界。要做到这一点，有一个方法：找出其他人身上的优点，不管他们的外表、生活方式以及信仰与我们有什么显著的不同。在寻找他人优点的过程中，你等于以爱心和他人进行沟通。爱就是我们最需要的。

让自己成为众望所归的人

世间很少有人能众望所归；如果你能受到智者青睐，那你应该知道自己是三生有幸了。世人对待命乖运蹇之辈往往不屑一顾。要想交口称赞并不难，能使自己名垂青史的方法也很多。你应在工作中崭露头角或是才华超绝出众。风度翩翩的举止也同样奏效。将你的卓越名声化成他人对你的依赖性，人们就会说那个工作非你莫属，而不是你需要那个工作。有的人为某个职位增添荣耀，另一些人却是依恃这个职位而身价倍增。

那些忙碌的人物，都是看起来最被人们迫切需要的人物。这并不是一种取巧的说法，这是最高级的真理。只要你能创造出一种繁荣的、被人迫切需要的气氛，你的知名度即可很快被提升。最愚蠢的自我推销方式，最让人感到你的猥琐。“我很贫穷，请给我一点生意做吧！”这种请求别人可怜的做法是永远也做不成生意的；只会把到手的生意赶跑。

只要你保持一种“缺钱、困窘”，以及“我做得不会太好”的气氛，那么情况就会越来越糟。人们都喜欢跟那些气质活跃的人打交道——任何生意都一样。

让自己成为众望所归的人，就要学会统驭全局，了解团体中的每一份子，尽力使大家结成一体，为共同的目标而奋斗。

你是否是众望所归的人?下面将举出一些众望所归者做事的原则，如果发现自己还有些地方有待改进，最好从今天开始，将其弥补。

1. 授权给部下。

事无巨细，责任有大小。在工作上授权给部下可以减轻领导者的负担，可以使部下感到骄傲，同时也能使员工从工作中获得满足，更有利于团队精神的发挥。

部下难免会有失败，必须给他们失败的权利。如果老在部下背后监视，嘴里喋喋不休，那就别提发挥什么团队精神，散发什么个人魅力了。即使认为部下的方法不正确，也要让他们照自己的想法去做。假如发生错误，正好等于给自己上了宝贵的一课。别忘了，你所带领的团体，正是你自己身价的表现。

2. 让部下参与企划工作。

这是一位杰出的经营者常用的技巧。当需要解决重要事项时，征求部下的意见是一个聪明的做法。

和部下商谈，往往可以产生比原方案更好的计划。其次，让部下参与企划可以培养大家的团队精神。因为这是合力计划出来的，大家自然会尽力地去推动它，也自然会感激领导者的开明。

3. 信任部下。

疑心病太重是领导者的禁忌。一位领导者应该积极地接触部下，以公正的态度对待部下，使大家相信你处事正确无误。每一个人都有诚实、正直及工作热心的一面，因而必须信任部下，这样大家为了报答你的信任，必定对你多加拥护。

4. 有机会就该多嘉奖。

即使是小事，只要部下做得好，就应表示感谢及嘉奖之意。举例来说，秘书写了一封漂亮的信函，你应当赞美一番。了解到自己的努力受到上司的肯定，以后她一定更会把热情注入在工作上。这种方法随时都可适用。每个人都是为了某种报酬而工作的，有时获得别人的肯定，作用甚至大过加薪。

5. 在众人面前嘉奖，在无人之处叱责。

在众人面前嘉奖，可以收到加倍的效果。部下在众人面前受到嘉奖，自然觉得骄傲和满足。反之，断不可在众人面前叱责部下，不如把他叫到一边，他反而更能接纳你的意见。为人部下者若在大家面前受到责难，很可能就此怨恨自己的老板。

人们总是会对事物做一番比较，并且会注意事物的不同之处，如果你能提供比别人更好而且更多的理解和体贴时，他人自然会站在你这边。

多付出一点可以使你成为众望所归者，因为你不是在等待事情的发生，而是主动使事情发生。你要学会在团队中力求最佳表现，洞察每一种情况，在工作中发挥一些超乎寻常的能力，同时注入个人进取心的力量。

如果你能在不能得到立即回报的情形下，以一种愿意而且愉快的态度提供更多服务，就是在培养你积极且愉悦的心态，而这正是培养你引人注目的个性的基础。

当你培养出吸引人的个性时，几乎所有的人都会愿意依照你的意愿为你工作，所以说培养吸引人的个性是一件值得去做的事情。你希望别人如何对待你，就要以相同的态度对待对方；多多运用“己所欲，施于人”的金科玉律，如果对方没有给你立即的回报，你应该再接再厉。

——挪威达信公司总裁 乔治·莱德斯通

勇者笑对压力

只要是活在这个世界上，就不可能完全逃避得了压力。既然如此，对于不断加诸在我们身上的各种压力，学习怎么样有智慧地对待，就属绝对必要了。

我们的身体，就是设计来应付突发的危险以便做迅速反应的。面临困境时，压力会在刹那间涌现，这也是我们的身体发挥最大潜能的时候。此时，我们的身体会迅速分泌肾上腺素到血液里，对我们意识到的挫折做最迅速的反应。

压力无时无刻不存在于我们的四周。每一个年龄层都有其特殊压力：青少年时有课业压力；成年时，有家庭和工作的压力；迈人老年期，以退休、孤单、面临死亡为压力。

人们在生活中扮演的角色不同，压力也不尽相同，而一个人往往是身兼数种角色，集数种压力于-身。

压力会不会伤人，全看你如何反应。因此，在承受同等的压力时，有人因而成功，有人却败下阵来。某种程度的压力不但没有妨碍，反而对人有益：没有些许压力，你的身体便无法运作，当然，你必须避免盲目的紧张状态。

在麻省阿默斯特学院进行过一个很有意思的实验，他们用铁圈将一个小南瓜整个箍住，以观察当南瓜逐渐地长大时，对这个铁圈产生的压力有多大。研究人员希望了解这个南瓜能够在此过程中，与铁圈产生多少互动的力道，以便了解这个南瓜能够承受多大的压力。最初他们估计南瓜最大能够承受大约450公斤的压力。

在实验的第一个月，南瓜承受了450公斤的压力；实验到第二个月时，这个南瓜承受了1350公斤的压力，并且当它承受到1800公斤的压力时，研究人员必须对铁圈加固，以免南瓜将铁圈撑开。

最后当研究结束时，整个南瓜承受了超过4500公斤的压力后才和瓜皮破裂。

他们切开南瓜并且发现它已经无法再食用，因为它的中间充满了坚韧牢固的层层纤维，试图想要突破包围它的铁圈。为了要吸收充分的养分，以便突破限制它成长的铁圈，它的根部甚至延展超过24000米，所有的根往不同的方向全方位的伸展，最后这个南瓜独自地接管控制了整个花园的土壤资源。

如何应付生活压力?是每个想成功的人所关心的重要课题，

以下仅供大家参考：

1. 别为小事烦恼：我们经常为一些小事烦恼，其实仔细想一想，这些都不是什么大不了的事，我们只是专注在一些小问题上，把问题过度夸大了，浪费宝贵的力气为小事烦恼，当然就无故平添了许多压力。

2. 小心你的想法滚出雪球效应：越是全神贯注在令你心烦的细节上，你就觉得越糟糕，思绪一个接着一个，直到你变得焦虑不安。即时打住，防患未然，并且要察觉自己的情绪，不要被情绪低潮所愚弄，完全以负面情绪来看待周围的人和物，如此一来，小小的压力，可能瞬间变成巨大的压力。

3. 练习放松数到 10：当你感到生气时，长长深深地吸一口气，同时大声对自己数 1，然后在吐气时放松全身，数 2 至 10 重复这个步骤。当你数完时，气也全消了，这个方法帮助我们把大事化小，压力也就消失于无形。

4. 你会变成你最常练习的样子：如果我们常在生活中表现出生气、愤怒、焦虑不安，我们的人生可能就会反映出这类练习的结果，“相由心生”就是这个道理。相反地，若是我们平常练习有耐心、放轻松、肯学习、积极乐观的态度，即使面临压力，也能以所练习的结果，从容应付，化解压力。

“事无善恶，”莎士比亚说，“思想使然。”

你每次出外的时候，将下巴往里收，头抬高，胸部挺起，在阳光下深呼吸；对朋友微笑，每次握手都投入精神。不要怕被误会，不要浪费1分钟去想你的仇敌。要在你心中确定你喜欢做什么，然后不变方向，直奔目的地。将精神集中在你喜欢做的事情上，在日月如梭之间，你会发觉于不知不觉中抓住了为要满足你的欲望所必须的机会，正如珊瑚虫由潮流中取得所需要的原质一样。在脑中想像你希望成为的有能力、诚恳、有用的人，而你所保持的思想，将时时刻刻地改变你，使你成为那种人……思想是至高无上的。你要保持一个正确的心理态度以及勇敢、诚恳、欢悦的态度。思想成就创造，所有的事都是由欲望而来，凡真诚的祈求都有应验。我们心中集中关注的是什么，我们就变成什么。将自信溶进脸庞，抬高你的头，没有压力能打败我们，我们就是明天的神仙。

在压力中，勇敢的心是最好的伴侣。心若脆弱，则可使用靠它最近的器官。自立的人更能承受忧患，不可向厄运低头，否则厄运之神会更加嚣张。遭遇危难时，有人几乎不能自助，又兼不知道如何忍受，遂倍增其难。了解自己的人能深思熟虑克服自身的弱点。明慎之人能够征服一切，甚至星宿。

——西班牙哲学家、著名学者 巴尔塔沙·葛拉西安

每个人都会遭遇挫折

我们的力量来自我们的软弱，直到我们被戳、被刺，甚至被伤害到疼痛的程度时，才会唤醒包藏着神秘力量的愤怒。伟大的人物总是愿意被当成小人物看待，当他坐在占有优势的椅子中时会昏昏睡去，当他被摇醒、被折磨、被击败时，便有机会可以学习一些东西了；此时他必须运用自己的智慧，发挥他的刚毅精神；他会了解事实真象；从他的无知中学习经验；治疗好他的自负精神病；最后，他会调整自己并且学到真正的技巧。

——爱默生

任何成功的人在成功之前，没有不遭遇过失败的，爱迪生在历经一万多次的失败后才发明了灯泡，而沙克也是在试用了无数介质后，才培养出小儿麻痹疫苗。

费尔兹和一家独立商店的老板联合成立了费尔兹太太糕饼连锁店，并很迅速地推行到世界各地，由于业务扩张的太盲目，致使公司的财务受到托累，费尔兹发现她自己欠了一大笔债。她体察到想要拥有、并且经营所有连锁店的欲望是太大了点，所以她现在已授权给加盟店负责经营，而不再亲自参与，此政策的改变，使她的公司再度获利，并且出现增长。

你应把挫折只当做是使你发现你思想的特质，以及你的思想和你明确目标之间关系的测试机会，挫折绝对不等于失败——除非你自己这么认为。

然而，挫折并不保证你会得到完全绽开的利益花朵，它只提供利益的种子，你必须找出这颗种子，并且明确的目标给它养分并栽培它；否则它不可能开花结果，生活正冷眼旁观那些企图不劳而获的人。

你应该感谢你所遇到的挫折，因为如果你没有和它作战的经验，就不可能真正了解它。

挫折和痛苦是生活和每一种生物进行的另一种沟通方式，是指出我们错误所使用的语言，有的人在遇到生活的这些考验时，可能会变得胆怯，致使他们逃避所有可能的威胁，但成功者在听到生活的这些话时，应该变得更为谦虚，以期学到智慧和体谅，你应了解这是你开始迈向成功的转折点。

有了这项认知之后，你就不必再将挫折看成是失败，而应把它看成是暂时性，而且可能会带给你祝福的事件。

正如拿破仑·希尔所说：“跨过去，生命的转机就会立即出现。”

希望总是在不断失望中消逝，憧憬却也在经常的怅惘中更新。这就是人生之路，也是企业家成功的必然历程。

个人的挫折可以被视为是一种无法超越的障碍和自怜与憎恨的理由，亦可成为更严密检视自己行为的一种刺激剂，以纠正自己并进而改变别人对我们的态度。至于如何做，全在于我们自己。正如卡桑沙卡斯曾说的：“我们有笔，有颜料就可画一个天国，然后我们即可进入。”反之，我们亦随时可以为自己造出一个地狱。但如果我们选择了地狱，我们必须了解那是自己的抉择，因此不得再埋怨父母、朋友、家人、社会或上帝。除了我们自己，没有任何人、任何事物能令我们沮丧或痛苦。

然而，有许多事物是必须从痛苦中学得的，既然我们多半不是坚强到能毫发无伤地抗拒痛苦，倒不如将它视为达到我们目的的踏板。

将逆境变成成功的田圃

蒸气锅炉有压力计，在压力达到危险点时会显示出来；人在发觉危险时也会采取行动，保障安全。如果不清楚标示出死巷以及无法通行的路，会引起不便，耽搁你到达目的地的时间。只要你会看路标，然后绕道而行，就可以顺利到达目的地。

人体本身有其危险信号，医生称之病征或并发症。病人很容易认为发烧、疼痛之类的病征很不好，可是如果人们有上述反应立刻就医，对于病人反而有莫大的好处。它们是压力计和红灯，有助于健康的维持，盲肠炎的剧痛对病人来讲当然很难受，其实却能提醒病人及早治疗。如果不痛，他根本不会想到得割除盲肠。

虽然逆境是基于挫折的前提而产生，却具有相当大的意义和目的，也具有相当大的启发作用。人性最强烈的一种冲动就是表现适当的反应。要清除这些失败的征候，不能只借助意志力，更要去了解——了解它们的无效和不当。“事实”可以使我们避开挫败感的围攻，当我们看清事实时，那些同样的力量就会帮助我们除去它们。

挫折是一种感觉。每当人们无法实现重要的目标，或一个欲望受阻时，就会形成这种感觉。人人都会因为自己的缺陷和不安全感而受到挫折。

我们长大以后才知道，人无法满足所有的欲望，我们的作为也永远无法跟我们的愿望同样理想；并且了解到不用追求完美，只要“接近完美”就已足够了。我们学会容忍挫折，不因挫折而乱了方寸。

如果挫折给你带来过多的不满和绝望，才会变成失败的征候。

长期的挫折通常意味着我们的目标不实际，我们的自我心像不适当，或两者兼有。但成功的人同样能够将逆境逆转成成功的天堂。

约翰在威斯康辛州经营一座农场，当他因为中风而瘫痪时，就是靠着这座农场维持生活。

由于他的亲戚们都确信他已经是没有希望了，所以他们就把他搬到床上，并让他一直躺在那里，虽然约翰的身体不能动，但是他还是不时地在动脑筋。忽然间，有一个念头闪过他的脑海，而这个念头注定了要补偿他不幸的缺憾。

他把他的亲戚全都召集过来，并要他们在他的农场里种植谷物。这些谷物将用做猪的饲料，而这群猪将会被屠宰，并且用来制作香肠。

数年间，约翰的香肠就被陈列在全国各个商店出售，结果约翰和他的亲戚们都成了拥有巨额财富的富翁。

出现这样美好结果的原因，就在于约翰的不幸迫使他运用他从来没有真正运用过的一项资源：思想。他定下了一个明确目标，并且制定了达到此目标的计划，他和他的亲戚们组成团队，并且以应用的信心，共同实现了这个计划；别忘了，这个计划是因为约翰中风之后才出现的。

当你身处逆境之中，切勿浪费时间去算你遭受了多少损失；相反地，你应该算算看你从逆境当中，可以得到多少收获和资产，你将会发现你所得到的，会比你所失去的要多得多。

你也许认为约翰在发现思想力量之前，就必然会被病魔打倒，有些人更会说他所得到的补偿只是财富，而这和他所失去的行动能力并不等值。

但约翰从体会到他的思想力量，和他亲戚的支持力量中，也得到了精神层面的补偿；虽然他的成功，并不能使他恢复对身体的控制能力，但却使他得以掌控自己的命运，而这就是个人成就的最高象征。他可以躺在床上度过余生，每天只为自己和他的亲人难过，但是他没有这样做，反而带给他的亲人们想都没有想过的安全。

长期的疾病通常会使我们不再看，也不再听，我们应该学习去了解发自内心深处的轻声细语，并分析出战胜逆境的妙方。

时间对于保存这颗隐藏在逆境当中的等值利益种子是非常冷酷无情的，找寻隐藏在逆境中的那颗种子的最佳时机，就是现在。你也可以再检查一下过去的挫折，并找寻其中的种子，有的时候，人们会因为挫折感太强烈，而无法马上着手去找寻这颗种子。但是，现在你已有了更高的智慧和更多的经验，足以使你轻易地从任何挫折中，学习它能教给你的东西。

发烧、肢体残障、冷酷无情的失望、失去财富、失去朋友，都像是一种无法弥补的损失。但是平静的岁月，却展现出潜藏在所有事实之下的治疗力量，朋友、配偶、兄弟、爱人的死亡，所带给人们的感受似乎痛苦，但这些痛苦将扮演着导引者的角色；因为它会令你生活方式发生重大改变，终结人的幼稚和不成熟，打破一成不变的工作、家族或生活形式，并允许人们重新建立对人格成长有所助益的新事物。

它允许或强迫形成新的认识，并接受对未来几年非常重要的新影响因素；在墙崩塌之前，原本应该在阳光下种种花朵——种植那些缺乏伸展空间，而头上又有太多阳光的花朵——的男男女女们，却种植了一片盂加拉榕树林，它的树阴和果实，使四周的邻人因而受惠。

——美国著名文学家 爱默生

绽放意志的力量

“坚韧”是解除一切困难的钥匙，它可以使人们成就一切事情。它也是一切成就大事业的人所具有的特征。他们或许缺乏其他良好的品质，或许有各种弱点与缺陷，然而他们都具备了坚韧的意志。这是所有成就大事业的人所绝不可缺少的涵养。劳苦不足以使他们灰心，困难不足以使他们丧志。不管处境如何，他们总能坚持与忍耐，因为坚韧是他们的天性。

世界上没有任何东西可以比得上或是替代“坚韧的意志”。财力雄厚的父母、有权有势的亲戚，一切的一切，都不能替代坚韧的意志。

那些普通人，他们在事业上一经失败，就会一败涂地，一蹶不振。而那些有坚韧毅力的人，则能够坚持不懈。那些不知怎样才算受挫的人，是不会一败涂地的。他们纵有失败，但他们从不以那个失败作为最终的命运。每次遇挫之后，他们会以更大的决心，更多的勇气，站起来向前进，直至取得最后的胜利！

拜特大将在他的著作《孤独》一书中讲到一个故事。1934年，在深埋在南极罗斯口冰幅下面的一个小草舍中，他度过5个月，他是南纬78度惟一的生物。风雪在他的草舍上呼啸，温度降到零下82度以下，他完全被无止境的夜包围了。在恐怖之中，他渐渐因炉中发出的炭气而中毒！怎么办呢？最近的援助都在120里以外，几个月也走不到那里。他尝试把他的炉子做一个通气系统，但烟气仍然漏出，他躺在地板上完全失去了知觉，他不能吃，不能睡，他变得那么孱弱，简直难以离开他那床椅两用的卧塌。他常常恐惧不能活到明天，他相信自己会死在那个小草屋里，尸体将被永不融化的雪所掩埋。

是什么救了他的命呢？有一天，在失望的深渊之中，他拿起日记本试着写下他的人生哲学。他写到“人类在宇宙上是不孤独的”，他想到头上的星，想到天体有秩序地运行，想到常存的太阳甚至在渺无人烟的南极区也会发光。于是他在日记中写道：“我并不孤独。”

他不孤独——甚至在地球尽头的冰洞中——这觉醒救了拜特大将。他说：“我知道生活在折磨我。”他又继续说：“很少有人在他有生之时，开掘蕴藏在他内心的资源。那里有着力量的深井，是取之不竭、吸之不尽的。”拜特学着开掘了这个力量之井，并使用那些源泉。他最终用自己的意志活了下来。

如果一个人把眼光拘泥于对挫折的痛感之上，他就很难再抽出身来想一想自己下一步该如何努力，最后如何成功。一个拳击运动员说："当你的左眼被打伤时，右眼还得睁得大大的，才能够看清敌人，也才能够有机会还手。如果右眼同时闭上，那么不但右眼也要挨拳，恐怕命都难保！"拳击就是这样，即使面对对手无比强劲的攻击，你还是得睁大眼睛面对受伤的感觉，如果不是这样的话一定会失败得更惨。其实成功的过程又何尝不是这样呢？

坚韧、大胆、无畏，永远是成就大事业的人的特征。生性胆小，不敢冒险，而逃避困苦的人，自然一生只能做些小事了。

当你在事业上，有"向后转"的念头时，你最应该加以注意。这是最危险的时候，最重要的关键！历史上的许多大事业，都是在大多数人都想"向后转"的时候由"向前走"的人所造就的。

每件造福人类的科学发明，都是出自那些有极强的坚韧力的人之手。霍沃在发明缝衣机时所经受的痛苦、贫穷与损失，恐怕一万个人中也没有几个能忍受！世界上的一切伟业，都是在别人放弃而自己仍然坚持后所取得的。一个能够坚持到底，而且即便旁人笑他不智时仍然坚持的人，他的前程多半令人感到"可畏"！

你曾经看见过一个做事不管情形怎样，总是不肯放弃，不肯停止，而在每次失败之后，总会含笑起立，并以更大的决心，冲向前去的人吗？你曾经看见过一个不知失败为何物的人；一个不知何时才算受挫的人；一个要将“不能”、“不可能”等字眼，从他的字典中抹去的人；一个任何困难与阻碍都不足以使他一蹶不振；一个任何灾祸、不幸都不足以使他灰心的人吗？假如你曾经看到过这样的一个人，那他就是你曾经看见过的伟人！

是的！这是你终生的问句：“你有耐性吗？你有坚韧力吗？你能在失败之后仍然坚持吗?你能不管遇到任何阻碍仍然前进吗？”

弗洛伊德曾说，人的主要任务是忍受生命。当然，至少以我们目前对生命尚一无所知的情形来说，我们的确必须忍耐某些事物，设法接受一些不愉快的因素，而没有任何选择的余地。但是如果这就是生命的全部内涵，那生存是多么令人毛骨悚然的事呀。我喜欢把生命看做：人的主要任务是支配生命，以及克服生命中的重重困难。

把吃苦当做是进补

佛斯狄克在其著作中提到："有一句北欧话说——冰冷的北极风造就了维京人。我们什么时候相信人们会因为舒适的日子，没有任何困难而觉得快乐？刚好相反，会自怜的人即使舒服地靠在沙发上，也不会停止自怜。反倒是不计环境优劣的人常能快乐，他们对个人的责任极有担待，从不逃避。我要再强调一遍——坚毅的维京人是冰冷的北极风所造成的。"

这段话包含两层意义：

第一层：我们可能成功。

第二层：即使未能成功，这种努力的本身已迫使我们向前看，而不是只会悔恨，它会驱除消极的思想，代之以积极的想法。它激发创造力，促使我们忙碌，也就没有时间与心情去忧伤已成过去的事了。

朱元璋，中国少有的平民皇帝，因为癞痢头，从小就没有人喜欢与他在一起玩耍。

少年时的朱元璋，曾在皇觉寺出家，也当过几年和尚，因为臭头，而遭到其他人的欺负。

有一天，当朱元璋忙完想要回房睡觉时，却发现寺门已关上，只听到小和尚窃窃私语："不要让那个臭头进来，他若进来，那咱们都别睡了！"

在皇觉寺为僧的日子里，朱元璋常在天寒地冻的气候下，一个人孤零零地睡在皇觉寺的匾额下，他没有埋怨，只是默默地承担，把吃苦当做是进补吧！

一日深夜，朱元璋睡在寺外，雪正无情地飘，冷风直灌入他单薄的衣服内。看着天空，想自己的一生，朱元璋完成了脍炙人口的一首诗：天为罗账地为毡，日月星辰伴我眠，夜半不敢伸长足，深怕踏破海底天。即使痛苦，但痛苦使人高贵！即使冷峻，但英雄不减其豪情壮志。

许多年前的日本，一个妙龄少女来到东京帝国酒店当服务员。这是她涉世之初的第一份工作，上司安排她洗厕所！

上司对她的工作质量要求特高，高得骇人：必须把马桶抹洗得光洁如新!

她当然明白"光洁如新"的含义是什么，她当然更知道自己不适应洗厕所这一工作，真的难以实现"光洁如新"这一高标准的质量要求。因此，她陷入困惑、苦恼之中，也哭过鼻子。这时，她面临着人生第一步怎样走下去的抉择：是继续干

下去，还是另谋职业？继续干下去——太难了！另谋职业——知难而退？人生之路岂有退堂鼓可打？她不甘心就这样败下阵来，因为她想起了自己初来时曾下的决心：人生第一步一定要走好，马虎不得！

正在此关键时刻，同单位一位前辈及时出现在她面前。首先，他一遍遍地抹洗着马桶，直到抹洗得光洁如新；然后，他从马桶里盛了一杯水，一饮而尽喝了下去！竟然毫不勉强。实际行动胜过万语千言，他不用一言一语就告诉了少女一个极为朴素、极为简单的真理：光洁如新，要点在于“新”，新则不脏，因为不会有人认为新马桶脏，也因为新马桶中的水是不脏的，是可以喝的；反过来讲，只有马桶中的水达到可以喝的洁净程度，才算是把马桶抹洗得“光洁如新”了，而这一点已被证明是可以办得到的。

同时，他送给她一个含蓄的、富有深意的微笑，送给她一束关注的、鼓励的目光。这已经够用了，因为她早已激动得几乎不能自持，从身体到灵魂都在震颤。她目瞪口呆，热泪盈眶，恍然大悟，如梦初醒！她痛下决心：“就算一生洗厕所，也要做一名洗厕所最出色的人！”

从此，她成为一个全新的、积极的人；从此，她的工作质量也达到了那位前辈的高水平，当然她也多次喝过厕水，为了检验自己的自信心，为了证实自己的工作质量，也为了强化自己的敬业心；从此，她很漂亮地迈好了人生第一步；从此，她踏上了成功之路，开始了她的不断走向成功的人生历程。

几十年光阴一瞬而过，最终她成为日本政府的主要官员——邮政大臣。她的名字叫野田圣子。

野田圣子坚定不移的人生信念，表现为她强烈的上进心："就算一生洗厕所，也要做一名洗厕所最出色的人。"这一点就是她成功的并不神秘的奥秘之所在；这一点使她几十年来一直奋进在成功路上；这一点使她拥有成功的人生，使她成为幸运的成功者、成功的幸运者。

人生最重要的不只是动用所拥有的，任何人都会这样做，真正重要的课题是如何由你的损失中获利，这才需要真正的智慧，也才显示出人的上智下愚。

——英国著名的文学家 弗兰西斯·培根

在问题中发现机会

你是否在成功的路上遇到问题？如果遇到，太好了。因为遇到难题而能一次次反复胜利正是你成功之路的阶梯。每胜利一次，你的智慧、能力与经验便会增加许多。每遇到一个问题时，你就以积极的态度来处理它、克服它，你便会成为一个更优秀、气魄更恢宏、更成功的人。

人人都有问题，这是因为宇宙中的一切经常在变化。变化是一种无情的自然规律。重要的是，你应付问题的挑战能否成功，全凭你的心理态度及方法而定。

当面临问题需要解决时，不论它有多困难：

1. 祈求“生活的指引”，请求协助找寻正确的解答。

2. 思考。

3. 叙述问题，并且分析它、解释它。

4. 痛快地对自己说：“太好了。”

5. 问自己几个特殊问题，例如：

(1) 好在哪里？

(2) 我如何把问题解决，或者我如何把这项债务转变成更大的资产？

6. 不断去寻找这些问题的解答，直到至少找到一个“可行”的解答为止。

大体说来，你遭遇到的问题可以分为两种：个人的问题——感情上的、经济上的、心理上的、道德上的、身体上的；以及生意上的工作问题。你要在问题中发现自己的机会。

从前有两只青蛙走在乡间小路上，一场暴风雨让它们迷失了方向。在狂风的吹袭下，它们走散了。在迷途中，第一只青蛙掉进一瓶牛奶里。它环顾四周，不由得火冒三丈，先是诅咒生命与恶运，接着开始哭泣，并抱怨眼前的困境，以及命运是如此不幸。它不断埋怨，把精力全花在眼前的困境上，不久便万念俱灰，一命呜呼了。同样的，第二只青蛙也掉进一瓶牛奶里，但态度却截然不同，并拥有积极的人生观。它并不喜欢掉进牛奶里的事实，也不喜欢命运的作弄，但却把精力放在解决问题，而不是问题本身上。它不断地跳，并奋力踢腿，一点也不放弃。它了解，遭遇如何并不重要，重要的是要如何去面对它！因此，它开始不断地踢腿，竟把牛奶搅拌成奶油，但它还是踢啊，踢着踢着，又把奶油搅拌成牛油，最后终于走了出来。

命运并不是绝对公平的，有时会投出一些变化球，最后你是赢是输，就看你是否是怨恨命运，还是把注意力集中在问题上，是埋怨命运的不公平，还是全神贯注地想办法解决问题。事实正是，成功的关键并不在于你的遭遇，而在于你如何去面对它。

我们所有的难关，都是自己造成的。但是难关的形成，一方面是各种积习沉湎之后的危机，一方面也是促使自己改变积习，往更高明的生命形态蜕变的转机。

碰到难关和问题，千万不能躲，更不能随便放弃，企求从头再来。

玩电子游戏时，因为知道自己要过关的话，大致要先具备哪些条件，所以万一某些条件不足，很容易放弃拼斗，干脆关机重来一遍，让自己在新的一局游戏里面多小心一点，多累积一些武器和条件再闯关。但事实是，每当我们抱这种希望时，最后的结果都会适得其反。上一局游戏里没能保住的战果，新的一局里照样拿不下来。

现实生活里，我们更没有随便关机的本钱、条件与资格。有些事情，我们根本无法重新开机。有些事情，重新开机后，只要主角还是我们自己，局面就仍然依旧。

所有在生活上获得成功的人，一开始都很不顺利，他们会遇到很多问题，并要经历很多令人伤心的挣扎与奋斗，然后才能“成功”。成功人士生活中的转折点，通常出现在问题出现

的时刻，使他们得以认清楚自己的“另一个自我”。

在问题中发掘好的种子，训练你自己，在你遭到任何难题的时候，你的第一个反应便是“那太好了！”然后再花时间去从你严重的问题当中寻求任何对你有利的地方。

绝不轻言放弃：人不是生来就被打败的

著名的文学家海明威的作品《老人与海》中有这样一句话："英雄可以被毁灭但是不能被击败。"肉体可以被毁灭，可是英雄的精神和斗志则永远在战斗。还有一句名言是这样说的："成功是指最终实现了目标，但并不意味着不受到挫折。成功是赢得整场战争，而不是赢得每一场战斗。"

你有了问题，甚至是特别难于解决的问题，可能让你懊恼万分。这时候，有一个基本原则可用，而且永远适用。这个原则非常简单——永远不放弃。

放弃必然导致彻底的失败。最终不只是手头的问题没有解决。还导致人格的最后失败，因为放弃使人形成一种失败的心理。

如果你所用的方法不能奏效，那就改用另一种方法来解决问题。如果新的方法仍然行不通，那么再换另外一种方法，直

到找到解决眼前问题的钥匙为止。任何问题总有一个解决的钥匙，只要继续不断地、用心地循着正道去寻找，你终会找到这个钥匙的。

人总是从经验中了解到坚强毅力的正确性。这些人认为失败只是暂时性的，他们坚定不移地执着于他们的欲望，使得失败最后转为胜利。我们这些生活的旁观者亲眼看到太多的人在失败中倒下去，而且永远也没有再站起来。我们发现，只有很少数的人能够把失败的惩罚当做是一种鼓励，鼓励自己更加努力。

世界大文豪巴尔扎克本是学法律的，可大学毕业后偏偏想当作家，全然不听父亲让他当律师的忠告，把父子关系弄得十分紧张。不久，父亲便不再向他提供任何生活费用，他写的那些玩艺儿又不断地被退了回来，他陷入了困境，开始负债累累。最困难的时候，他甚至只能吃点干面包喝点白开水。但他非常乐观，每当就餐，他便在桌子上画一只只盘子，上面写上“香肠”、“火腿”、“奶酪”、“牛排”等字样，然后在想像的欢乐中狼吞虎咽。

更发人深省的是，也正是这段最为“狼狈”的日子里，他破费 700 法郎买了一根镶着玛瑙石的粗大的手杖，并在手杖上刻了一行字：我将粉碎一切障碍。

正是这句气壮山河的名言在支持着他。后来的事实证明，他成功了！

人们不妨回顾一下自己的人生。是否努力几次之后，挫折感和感觉世间的无情会使你软弱下来，经历过几次危机你就会丧失挑战的心理，而茫然地活下去。

在每一件事情似乎都不对劲的时刻，正是实行积极想法的时机，只要你坚持，尽一切努力，你就能达成目标。如果你认为没有希望，这种想法只会招来更多的麻烦并打垮你。因此，你要坚信状况会变得对你有利，并且采取行动，继续前进。

我们常常很容易就认定状况已经超出了我们的控制，以它作为我们太早就轻易放弃的借口。在世上能够出人头地的人，都能站起来寻找他们所要的环境，如果找不到，他们就去创造。用这种态度处理问题才可以创造出奇迹。

当“智慧”已经失败，“天才”无能为力，“机智”与“手腕”也已没用，其他各种能力都已束手无策，宣告绝望的时候，走来了一个“忍耐”，由于坚持之力，得到了成功，不可能的成为可能了。

意志的忍耐能发出神奇的功效。不后退，不放弃，在别种能力都已屈服败走的时候，它还坚持着，甚至当“希望”离开了战场时，它还能打许多胜仗呢。

——瑞士莱肯亚集团公司董事长　萨默·布恩

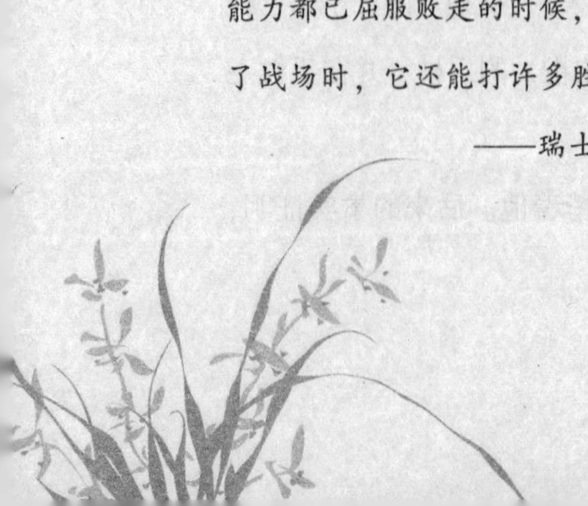

走出你的困境

大哲学家尼采说过："受苦的人，没有悲观的权利。"已经受苦了，为什么还要被剥夺悲观的权利呢？因为受苦的人，必须要克服困境，悲伤和哭泣只能加重伤痛，所以不但不能悲观，而且要比别人更积极。

困难可以将你击垮也可以使你重新振作。这取决于你如何去看待和处理困难。美国名作家罗威尔曾说："人世中不幸的事如同一把刀，它可以为我们所用，也可以把我们割伤。那要看你握住的是刀刃还是刀柄。"

遇到困难时，如果握着"刀刃"，就会割到手；但是如果握住"刀柄"，就可以用来切东西。要准确握住刀柄，可能不容易，但还是可以做得到的，这其中有很多方法和技巧，许多人曾试过。

你要有气魄正视这个问题，人生中能够遇到这些困难，是值得你高兴的事情。若没有了这些，人生就不成为人生。虽然困境有其令人难以接受的一面，但人生中成长及方向却又不可缺少困难的磨炼。

事实上，困境正是人生的标记之一，难题越多，越能显示你是人生的一部分。在处理难题时，首先你必须要冷静，尽量沉着应对。如果你的内心无法保持冷静，就无法有效地处理它。通常我们遇到困境时总是会急躁不安。我们总是烦乱地想着要如何跳脱困境。

当你心慌意乱时，要想找出理性的答案是不太可能的，惟有你平静下来，才能真正地面对困难，这才是理性的思考方式。所以，人们要强调学习沉默应付难题的重要性。卡莱尔曾说过："沉默是伟大事物的基本要素。"沉默可以调整你的心灵，使得犀利睿智的见识浮现出来。主要的诀窍是让你自己能完全放松，深入信仰的静谧中，如此便能冷静思考。然后，你便能掌握住大方向，困境自然会迎刃而解。

在诺曼·文森特·皮尔所著的《创造人生奇迹》中，曾经提到这样一个故事：多年以前，有个男孩俯身在一座桥的栏杆上，注视着下面河水的流动。一根树干、些许树枝、几块木片流过桥下，河面又平静了下来。永远是一样，或许已过了100年，或许是1000年，更或许是100万年，河水总是这么流过。有的时候河水快些，有时候水流缓些，但是河水总是在流着。

那天注目桥下的河水，他有了发现。他不是发现了什么可以用手触摸的物质东西，他领悟的甚至于看不到，那是一种观念。虽然很突然，但是却很平静，他认识到自己生命中的每一样东西总会有一天像河水一样，消逝而远去。

这个男孩日后很喜欢“桥下的水”这几个字。此后他一生都受益于这次经验，使他能度过各种不如意的事。虽然有些日子里生活非常黯淡艰困，或者他犯了无法补救的错误，或者某样东西失而不可复得，他就会对自己说：“那是桥下的水。”

从那以后，他不再因为犯了错误而过分忧烦，他更不会因为犯了错而意志消沉，因为这些错误也都是“桥下的水”。

走出你的困境的另一个要素是信心。“相信你能做到，而且你一定能做到。”信心是解决问题的最有效的利器。当你相信难题可以克服时，你已经离胜利不远了。最重要的原则之一是，人可以达成他们认为可以完成的任何事。

通常人们被困难击败的主要原因之一就是他们自认为可以被打败。而克服困难一个最大的诀窍，如同我们所说的，也就是要学会相信他们可以击败困难，可以征服困难。为了做到这一点，你的心理及精神就要不断地成长。成长是你可以做得到的事。你可以在心灵方面茁壮成长，战胜任何难题。换句话说，你必须比所遇到的困难更高更壮才行。

事实上，很多人必须练习如何战胜自己。因为他们坚信自己无法处理自己的困境，他们已经被自己的心灵击败了。

如果你可以因为成长而克服困难，则困难就是激励你成长的要素。俄罗斯有一句谚语说：“铁锤能打破玻璃，更能铸造精钢。”如果你像钢一样，有足够的坚强作为打造的品质，去克服人生中的困难，那么这些困难正好可以磨炼你的意志和力量。

很多杰出的领导人都遵循这条人生哲学。艾森豪威尔总统曾回忆说，有一天一家人晚上玩牌，他很埋怨自己手气不好。母亲突然停下，告诉他玩牌的时候要接受自己抓来的牌，并说生活也是这样，上帝为每个人发牌，而你只能尽自己最大努力玩好自己的牌。总统说他从来没有忘记过这条教诲，并且一直遵循它。每个想要成功的人都要牢记坏牌不一定输的道理，才能走出自己的困境。

完全成熟的人把情感上的痛苦视为生命中无法避免的情况，进而接受它。实际上，他们认为那是求变过程中不可缺乏的刺激。这并非意味着他们要求痛苦或是消极地等待着被伤害。反之，他们了解，痛苦不一定只意味着不舒服，它可以成为个人成长过程中的一股积极力量。缺乏痛苦的生命——若有可能的话——只能算是生命的一部分。因为痛苦与喜悦是一体两面的，甚至可能是相互依存的，在某些情况下，二者是相互滋长的。

——法国卡鲁顾问公司总裁　索亚·弗雷斯

你是那条想跳龙门的鲤鱼吗？

传说中在神秘的东方，有一条美丽的红河，河水泛着金色的波光。在红河中生活着一群金色的小鲤鱼。在红河中有一道金碧辉煌的门——龙门。

鲤鱼们都想跳过龙门。因为，只要跳过龙门，它们就会从普普通通的鱼变成超凡脱俗的龙了。

可是，龙门太高，它们一个个累得精疲力竭，摔打得鼻青脸肿，却没有一个能够跳过去。它们一起向龙王请求，让龙王把龙门降低一些。龙王不答应，鲤鱼们就跪在龙王面前不起来。它们跪了九九八十一天，龙王终于被感动了，答应了他们的要求。鲤鱼们一个个轻轻松松地跳过了龙门，兴高采烈地变成了龙。

不久，变成了龙的鲤鱼们发现，大家都成了龙，跟大家都不是龙的时候好像并没有什么两样。于是，它们又一起找龙王，说出自己心中的疑惑。

龙王笑道："真正的龙门是不能降低的。你们要想找到真正龙的感觉，还是去跳那座没有降低高度的龙门吧！"

也许，现在的你已经取得了不小的成就，但它可是你最初梦想目标的实现，是否你真的跃过了心目中那道神圣的"龙门"，如果没有，那么你不应欺骗与放松自己，赶快修正你的目标，向那座没有降低高度的龙门挑战吧！